Spiritual Culture
青心文化

在阅读中疗愈·在疗愈中成长

READING & HEALING & GROWING

一本创造财富的实践手册

扫码关注,回复书名,
聆听专业音频讲解,
教你学会运用财富背后更深的运作法则

创造财富

Creating Money:
Attracting Abundance

[美]萨娜娅·罗曼
[美]杜恩·派克 著

罗孝英 译

中国青年出版社

献给每个人的丰盛内在

愿你认出你的伟大，发现你的道路，

完成你要做出的贡献

出版二十五周年增订版前言

麦克·亚伦

对于能出版萨娜娅·罗曼女士与杜恩·派克先生新修订的《创造财富》一书，我们新世界图书与克拉玛出版公司的员工都十分欢喜。自从本书出版以来，不断有读者写信告诉我们，他们如何运用书中的过程、练习、作业与肯定语为自己带来富裕并改变生活。

《创造财富》书中的教导对人们起了美妙的作用，这让它成为一本经典读物，荣登全美及国际的畅销书排行榜，并以二十四种语言在世界各地出版。

各行各业的人利用书中教导的过程，改善他们的经济状况，脱离匮乏与限制，克服阻碍，开始吸引丰盛。许多企业推荐给员工，行销部门推荐给销售人员，世界各地的人推荐给他们的家人、朋友、学生与客户。

这本书为创造财富提供一种范型转移(Paradigm Shift)，你将学习透过专注于想要的感觉、感知能量与想要的本质，启动线圈来吸引无限的丰盛。书中许多实用而简明的步骤，让你能立即运作这些过程，在各种生活领域体验轻而易举的丰盛。

《创造财富》谈论在生活中创造财富，它不仅给予你丰盛的钥匙，它更引领你在一路上做"喜爱做的事"为生活开创美妙的丰盛荣景。这是一把伟大钥匙，通往充实喜悦的生命。

当你阅读，允许自己轻松而不费力地吸收它的深刻教导。

生活不必痛苦挣扎，创造财富不必艰辛困难。你的内在拥有伟大的丰盛源头，当你仔细吸收书中的文字并遵循内在的指引，你会发现它。

你的内在拥有启动丰盛的钥匙，这本书帮助你发现它们并熟悉运用，转化那些无法支持你的老旧信念，超越挣扎与求生的思想观念，开创饶富创意、丰盛喜悦的人生。

你能做你喜爱做的事并拥有充实丰盛的生活，如同作者在十二章开头的美丽叙述：

你是个特别、独特的人，你要为这个世界做出有意义的贡献。每个人的诞生都有目的。你在这里出现是有理由的，你要在这个星球上扮演一个无可取代的角色。你要做的特殊贡献，就是你的人生志业。当你从事那个工作，你就是在遵循你的更高道途，如此你的人生会充满持续增加的喜悦、丰盛与美好。

这本力量十足的书不仅为我们指出了丰盛之道，还指出更重要的事——遵循内在指引，做爱做的事，活出充满喜悦满足的美好人生。

享受这个由萨娜娅与杜恩接收指引而带给你们的伟大珍宝。他们透过喜爱并遵循自己的内在指引，为无数的人做了最好的示范，如何在生活中创造更大的丰盛，并为人类世界做出伟大不朽的贡献。

麦克·亚伦，新世界图书出版人及《百万富翁课程》作者

萨娜娅的讯息

萨娜娅：我运用书中的显化法则多年,得到许多美妙的成果。

杜恩也运用书中教导的方法为他的人生志业灌注能量,吸引那些能够接受他的激励与服务的人,并且显化进入新的行业需要的用具,对财富更加明晰。

这本书是我的导师欧林"创造财富"课程的讲义的延伸,来自欧林教导的灵性丰盛定律。原始的课程讲义在欧林的课程学员与许多听说它的人之间流通。讲义与课程的需求成长得非常快速。杜恩与我额外办了许多场教导创造财富、磁化吸引与进阶的显化工作坊。

因为《创造财富》的出版,成千上万的人开始运用书中的法则,我们收到许多人的反馈、成功经验与故事。我们知道书中的方法是有效的,能创造成果。你们要学习运用的灵性法则与过程经得起时间考验并能产生具体成果，即使你是在书成之后多年才读到它。

显化能力是人类能培养的最重要的能力之一，如此你的愿景、美梦、希望与幻想都能变为真实，你能拥有自我支持的力量并成为照亮周围的更大光源。

希望透过这本书帮助人们创造财富与想要的事物，作为获得活力与成长的工具，放下对财富的焦虑、迷惑与罪恶感。希望帮助人们爱、珍惜并尊重自己的工作，学习信任与聆听内在指引，唤醒更伟大的潜力并获得信心，明白他们能够创造想要的一切。

许多人之所以不做自己的人生志业，是因为不知道要如何显化他们需要的财富与工具，或者不相信他们的道途与贡献十分重要。创造财富的技巧将大幅增加人们的能力，活出收益丰富与充实圆满的人生。

我们教导这些法则给许多拥有各种目标的人。有些人来上课是因为他们想要一样东西想了很多年，或想要一笔钱去开始渴望已久的计划。有些人想要钱去转换跑道、为自己工作、回学校进修或旅行。有些人本来在某个领域工作，又想要投入另一项新兴趣，以便自己能在一个新领域工作或创造一种新工作，但不知如何创造财富去度过那个转换期。有些人学习创造财富，是因为他们想用更多时间投入修炼或有时间专心写作或探索。有些人已经很有钱，但财富无法带给他们想要的喜悦与宁静。

当人们运用书中的练习、肯定语与活动单而获得成果，我们看见他们令人惊讶的改变。他们发展了对宇宙的信任与交托，他们发现显化是成长的过程，能带给他们更大的生命活力，他们学会了为自己的生活负责。当他们发现自己能拥有想要的事物，会更想厘清他们真正想要什么。而当他们对于自己想要什么更加清晰，就能更轻易地吸引想要的事物。

我们看见许多人成功地转换行业，大幅增加收入，并放下对金钱的忧虑与担心。一旦能吸引想要的事物，他们便更能专注于他们要来人间贡献的服务。

当这些人学会开创人生志业来满足自己的心灵与物质方面的需要，他们会感觉更有能力去掌握自己的生活。他们了解他们现在拥有的，都基于先前的选择与决定，所以只要他们想要，境遇就能好转。他们不再感觉自己受一种他们无法掌控的力量所摆布，他们了解，拥有想要的事物并非某些人特有的幸运，每个人都有工具去创造自己想要的事物。当他们的技巧与清晰度与日俱增，他们能吸引那些他们不认为可能的事物。

这个自我显化能力的精炼是美妙的成长与开悟的过程。我们愈练习书中的法则，愈会明白它们的丰富与简约。在我们感觉好玩、充满创意与想象力时，它们会变得很简单，若我们过度分析练习是否正确，它们会变得很复杂。最佳的成果会来自有趣地练习书中的观念与游戏清单，并信任最好的会来临。

在特定的时间内创造事物是创造财富最有挑战的部分。我们总是被提醒事物的来临有它适当的时间与完美的形式。我们发现当我们清楚想要什么并臣服与放手，让任何形式出现，结果会比我们要求的更好。如果事物不在我们预期的时间到临，后来我们会明白，在那个时候拥有并不符合我们的最高益处。

你会遇见这本书，也许是想为特定的事物创造财富，想获得经济的独立，想找到人生志业或开始一个事业或计划。你也许正在职业转换的过程中，你知道会有新的事情正在到临，而你希望它快一点。你也许想要更多业绩、更多客户或更高的收入。你也许想解决你与财富之间的诸多问题。无论你为什么开始阅读这本书，你可以在任何生活领域运用书中的法则，因为它们是能量与丰盛的普遍原则。你能为自己吸引更高的益处，衔接宇宙的无限丰盛。

如何使用本书

萨娜娅与杜恩：这本书是关于显化与创造生活丰盛的课程。

第一部分：创造富足，步骤式的指引，教导你显化的艺术。你会学习如何发现你想要什么，吸引那些让你充实、满足，比你要求的更好的事物出现。你会学习先进的显化技巧与运作能量的方法，以及以最轻易快速的方式把事物吸引到生活的磁化力量。

第二部分：预备致富，帮助你学习穿越任何阻挡丰盛进入生活的阻碍。

第三部分：开创人生志业，帮助你学习做喜爱的事来创造财富与丰盛。你会学到许多简单的能量技巧为你吸引理想的工作，找到你的人生志业，做你爱做的事维持生活。

第四部分：拥有财富，关于在生活中拥有与增加财富丰盛的方法。你将学习用财富为生活创造喜悦、平静、和谐、清晰与自我之爱,让财富流动并增加。

第二、三、四部分的多数章节里,都附有一个特别设计的练习或游戏清单,用来帮助你熟练创造的过程。做练习时,最重要的是保持放松与专注。在回答问题之前,安静坐下,做几次深呼吸,放松身体,再开始打开心接受新点子与新想法。

当你专注于这些新的理念,也许会发现许多关于自己的信念,甚至抗拒。如果你发现你抗拒回答某些问题,或许你对它有想法的纠结,那么"把玩"它会让你获得最大的丰盛潜能。

答案并无对错,它们只是用来让你经验你如何创造自己的实相的一种方式。你可以想想那些问题的答案或把它们写下来。书写有助于你把想法从心里带到物质世界,那是创造显化最重要的步骤之一。

另一个使用这本书的方法是,在心里询问处理哪一个财富的领域,能带给你最大的益处,然后随意翻开书,你翻到的章节、页次或肯定语就是内在对你的指引,告诉你从哪里工作,能对你的丰盛有最大的提升。

如何使用丰盛的肯定语

萨娜娅与杜恩：我们在书中章节囊括许多肯定语，你可以用它们来增进你的丰盛繁荣。肯定语是正面叙述，能把你的注意力放在你的力量与能力上，去创造你想要的事物。它们用现在式说话，例如："我拥有无限丰盛"。你的想法创造你的实相，当你对自己说正面的话，你会开始创造它们为真。我们设计这些肯定语，为你培养你能拥有什么的觉知，让你对准内在的智慧，契入宇宙的无限丰盛。当你经常对自己说这些话，你会在生活中创造更加丰盛正面的境遇。

只运用那些对你而言感觉适合的肯定语。重要的是，你对它的语汇感觉舒服并合乎"你是谁"。你也可以用其他对你有意义的字眼来置换其中的内容，当那些叙述感觉舒服与有意义，它的力量就会增强。我们鼓励你创作属于自己的丰盛肯定语。

大部分的肯定语以"我"为开头。我们用"我"来代表所有的你,包括更宏伟的你与你的小我,以及你的人格(更宏伟的你又称为你的"内在",你与神的力量或内在的神联结的部分)。肯定语的力量,会在你的身心灵合一,为你的目标一起工作时最强大。你可以置换任何适合你的字眼,例如"我是丰盛的源头"这一句,你可以说成"神是我的源头"或"我与内在的联结是我的源头"。

要显化成果,你的肯定语必须对你而言是有可能的,如果你说的话连你自己都感觉不可能,那么肯定语就不会为你带来你所肯定的那个结果。例如你说:"我现在拥有三千万",如果你不相信你会拥有这个金额的钱,它就不会为你创造成果。如果改成"现在我的收入增长百分之十"这样的句子可能更好。从这里开始经验你的成功,创造你想用肯定语创造的成果。

有几种方式可以运用书中的肯定语。其一是翻阅,发现吸引你的肯定语,然后安静地坐下来复诵它们。复诵的力量很大,可以将你的潜意识重新程式化,把这些想法视为你的实相。当它完成,潜意识将改变你的生活以符合你的新实相。你可以在吸气时念诵你的肯定语，想象当你这么说你把它送给你的内在，然后想象你在吐气时把这句话送进世界，变为你的实相。

你也可以造访我们的网页，进入"肯定语"一室，按下"创造财富肯定语"，你就有几百句丰盛肯定语可以使用。你可以写下它们，特别是那些对你有意义的句子，把它放在你经常能看见的地方。

译者序
踏上一条通往无限创造的康庄大道

《创造财富》这本书,也许可以简化成一句话:它是充满乐趣的人间游戏。

我喜欢欣赏商业活动中形形色色的人事物,市场里摆满的各种小摊,百货商场里陈列的专柜,街上琳琅满目的橱窗与招牌。每一种你看得见的服务后面,都包含了概念的显化与价值的完成。

我可以花一个下午的时间,注视街上来往的行人与五花八门的交易活动,仿佛看得见平衡于每个意图与行动中,贯穿表象的能量。

观察这些能量的变化,是个永远有趣的活动。在买方与卖方之间,在卖方的内在与外在,与买方的内在与外在之间,有不断的能量交流。

当某种一致性达成,交易便会发生。成功的商品在买方与卖方共振强烈时存在，共振若无法维持，便消失，看起来像是商品过气或退了流行。然而永远有新的一波能量共振在那里**蠢蠢**欲动。

不管是买方或卖方，都不能摆脱环境的影响。小环境永远会被更大的环境所影响，形成动态的平衡。作者洞悉这些能量现象，称它们为"财富的灵性法则"。

熟悉能量的人会发现，不管创造什么，合乎宇宙流动的事将得心应手，轻松愉快，能让人怀抱游戏的心情，悠游其中，顺流而动，尽享丰盛。

因此关于创造财富，最重要的是：维持平衡的能力，增加顺随的轻易度与乘上更大的流。想在地球上获得毫不费力的丰盛，得经验许多放下与放手的过程。从这个角度来看，心灵成长与创造财富有着密不可分的关系。

欧林是生命大师，教导人们无中生有，实现梦想的丰盛法则，可分为愿景(Vision)、本质(Essence)、能量(Energy)与放松(Ease)四个面向。我用 VEEE 四个字母来代表它，它的发音刚好是代表胜利的 V 字的发音。

对于创造财富，如果一个人有了清楚的愿景，知道愿景背后的本质,懂得运用能量强化磁性吸力,并能够随时调整情绪与思想得到身心的放松。那么带着胜利的心情,财富是一种自然而生的宇宙现象,它会跟着满足而来。即使一个人完全没有宇宙概念,不懂得利用线圈加速集中能量,当他做到了 VEEE,自然会在金钱上展现丰盛富足,因为欧林分享的,是一种遍存宇宙的能量通则。

遵循金钱的法则与人为法则,最大的不同处在于前者认为一切都有可能,资源的供给无穷无尽,用静心来共振更大的能量,开放去经验与宇宙的合作。而后者则认为资源有限,尽量避免犯错或损失,尽心尽力来生活。

两者若结合,威力无穷,你能心想事成,发生的结果比想象的更好。因为当更高的智慧介入,未来有无限的可能,你会从一个有限的现在,进入更大的下一刻,衔接无限的未来。

当我第一次阅读《创造财富》,我心想,这套法则若这么灵验,我就要将我的此生投入灵性事业。于是我在职场上好好地运用了创造财富的方法,每天晚上的冥想是我一天的动力,肯定语的复诵与检视,每天提供许多智慧提醒,让我检视自己的信念。结果它果然为我达成了很好的业绩，让我遇见很多贵人，创造很多机缘与机会，给了我必要的经验与能力，一步一步把我带上人生志业。

在我刚开始接触新时代资讯的时候，我曾在心里暗暗许下一个愿望，我要成为一个引介者，将美好的资讯带进华人的世界。一个小小的，真心的愿望。

经过灵性法则的操练，首先我成了欧林系列书的译者，并开始教授欧林体系的课程，成为专业的课程带领人，在2010年成立公益社团"欧林光爱关怀协会"，期望这庞大而优质的灵性资讯，能为华人的灵性成长提供适当的协助，贡献创造一个和谐和平的美丽星球。

我相信，这个愿景正在实现的过程中。而我更相信，每一个人，都可以透过实践这套灵性创造的法则，为自己的生命显化无限的可能性，享受一个美好喜悦的丰盛旅程，完成这趟地球之旅的真正目的。

欧林系列书中有一种我称为"空间矩阵"的特性，你可以读它千百遍，却像是读一本新书。我衷心推荐这本书给地球的游子，既来之，则安之，则丰盛之。让它带你通往丰盛的大门,在充满热情与乐趣的游戏中,完成最高的人生服务。

译者简介

罗孝英(Lucia Luo)

台湾清华大学核子工程系毕业。现任美国欧林中心系列课程授证教师,欧林光爱关怀协会创会理事长。

目录

001　**导言**

第一部分　创造富足

第一章
011　你是丰盛的源头

第二章
029　变为富有

第三章
043　发现你想要什么

第四章
055　磁化吸引想要的事物

第二部分　预备致富

第五章
081　遵循你的内在指引

第六章
095　允许自己成功

第七章
107　转换你的信念

第八章
115　让财富涌入

第九章
123　行到水穷处

第十章
139　信任

第十一章
154　奇迹

第三部分　开创人生志业

第十二章
160　你能做你喜爱的事

第十三章
171　发现你的人生志业

第十四章
184　你拥有需要的一切

第十五章
203　相信自己

第十六章
214　信任生命之流

第十七章
223　踏上更高的道路

第四部分　拥有财富

第十八章
239　尊重你的价值

第十九章
247　喜悦与感谢

第二十章
256　给予与接受

第二十一章
270　清晰与和谐

第二十二章
279　拥有财富

第二十三章
290　存款：肯定你的丰盛

导言

真诚地问候大家！

我们邀请你探索你与财富的关系，学习以新的方式处理物质生活。财富不单只会降临给那些拥有天赋技能的特殊人士。你的内在拥有你需要的一切答案与天赋，能为你创造无限的富足，让你在任何领域拥有灵性与物质上需要的一切。

你是一个伟大而有力量的人，你可以学习接通宇宙的无限丰盛。创造财富可以毫不费力地成为你生活、思想与行动的自然结果。你能吸引任何想要的事物，实现你最深的梦。这本书吸引财富也吸引丰盛，因为财富未必总是能带来你想要的。

当你阅读，你并非只读书页上的文字，你在读的时候，就会接上我们的意识之中的无限的丰盛，如此为你打开了你与生俱来的无限供给。你将被引导联结你的内在与智慧，为你的各个生活领域磁化吸引更高的益处。当你阅读并应用这个资讯，你将更深入理解如何显化与吸引丰盛。每一次你阅读它，会有新的想法跃出。因为教导涵括许多层次与结构，你对吸引丰盛了解得愈多，会有愈多资讯为你揭露。

不要只做知性的理解，这些法则要有用，需要你亲自尝试，真实地体验。起初，也许你需要依靠信任书中的法则与定律来为你带来富足。当你继续运作并获得成功，信任会变成信念，增加你吸引一切丰盛的能力。

财富是能量，能量存在所有的世界。财富的灵性法则是通用的能量法则，能为你创造富足。它们包括能量的消退与涌入、不受限的思考、接受与付出、感谢、尊重你的价值、清晰的协议与磁化吸引。

丰盛不仅是数量的增多，它意味你拥有感到充实与满足的事物。财富是拥有丰盛其中的一环。当你的显化技巧更趋纯熟，你将学习有意识地选择你想创造的事物，并且吸引它。必要的情况与事物会在你需要时出现，你会学习掌控财富而非为财富所掌控。

当你的娴熟度愈高，你会让情况或事物在你不需要的时候，轻易和缓地离开你的生活，腾出空间让下一件能服务你的事物出现。你的生活中会有财富、人员与事物的自然流动，每一样都会在最适合的时机出现，服务你的更高目的。

这本书将引导你接触你的内在，你的存在的最深部分。你会想在你创造的每一样事物中展现你的内在。当你的意识随着你接触你的内在而扩展，你会希望你居住的地方、买的东西、你的关系与生活的形态，都反映你更高的理想与价值。你会追求在赚钱与用钱的时候，展现更高品质的爱、美好、快乐、宁静、活力与对内在深处的感知。体验内在将带给你极高的创意与如泉涌般的点子。

当你遵循财富的灵性法则，财富与丰盛将以更大的数量涌入，更容易保留，为你带来更多喜悦。当你做你的人生志业并尊重、服务你与别人的更高目的时，你是在遵循财富的灵性法则。当你以合作替代竞争，让财富与能量的交流为每一个牵涉其中的人创造双赢的局面，你是在遵循财富的灵性法则。当你赚取、花用与投资财富的方式无损于地球，你是在遵循财富的灵性法则。

你可以透过依循你的感觉行动，顺随能量而动，对准你的内在，学习何时主动积极，何时臣服放下。你可以在行动中带着更多清晰、喜悦、和谐与真诚，来增加想要的财富与事物进入你的生活。信任每一件发生的事都为了带给你更高的益处。透过理解这本书的灵性法则，你能认出并放下那些已经不能服务你的老旧情境。当你向新的机会、想法、认知与感觉开放，你让内在的更高能量通过你，财富与丰盛将轻易来到，不需要任何努力挣扎。你创造的事物将带给你成长、扩展、更新与活力。

发现与开创你的人生志业比其他任何行动，更能为你带来富足。你的人生志业必然包括做你爱做的事，以及为人间贡献更高的益处。财富是你做喜爱的事的副产品，它将毫不费力地涌入你的生活，你不需要做太多设想。

你们很多人闪避那条让你拥有最大创意、喜悦与活力的道途，认为不可能从它赚取足够的财富。我们想帮助你去相信，做你喜爱的事，你会拥有丰富的财富收入。我们想要你明白，你不需要停在一个无法服务你的工作上。我们将帮助你看看如何能从你现在的位置，转换到你想去的地方。

书中有完整的篇幅告诉你如何为你的道途设立愿景与吸引你的人生志业。我们将示范给你许多能量技巧，启动你的更高道途。

每一个受这本书召唤的人，都行走在加速的个人成长道路上，要对世界做出许多贡献，即使你还不知道那是什么。现在是聆听内在讯息的时候了，发现你在这里要做的特别工作。开始将这份工作推向世界，因为它有很大的需求。当你服务并支持别人，发现你的人生志业，做你喜爱的事而非你认为赚钱的事，它将为你带来财富，你将高度地具备财富吸引力。

你可以学习运用能量与想法而非实质的努力，创造想要的事物，并产生远超过只做实质努力能创造的成果。当你了解能量工作如何进行，你会只采取那些能为你带来最大成果的行动而不白费功夫。我们已经提供给你许多增进磁性吸力的方法，吸引财富、事物、人员与境遇，为你带来更高的益处，开启内在道途与生命目的，实现更加喜悦、和谐与富足的人生。我们将教导你借由到达放松而专注的状态，联结你的内在来吸引事物，并运作能量吸引丰盛。这些都是非常强大而有效的方法与技巧。

目前为止你做的每一件事,都在预备你的下一步,让你对财富与富足变得更有磁力。欣赏你对于显化创造你的目标,你已经走了多远。透过这些年累积的经验、理解与你已经达成的显化,你有了采取下一步的基础。当你认出你有多么成功,你会更加成功。

当你遵循并运用书中的法则,你不会受经济环境或人为状况所影响,你能创造个人的经济荣景。当你愿意聆听并依循内在指引采取行动,无论外界经济状况是好是坏,你都会做得很好。在经济走下坡时,保持丰盛与充分供给所需的指引会被送到你身边。倘若有人失去工作或损失财富,只可能因为那些事物已经无法带给他们更高的益处,如此会让他们的生命改变,让未来更美好。能够真正服务你更高益处的事,不会被取走。

你会遵守两种财富法则。遵循灵性法则让你对财富具有吸引力,你吸引的财富将带给你最高的益处。人为的财富法则包括财务规划、时间管理、现金流管理、市场行销、财税与业务规划等,适当地学习了解与运作人为的财富法则也很重要，因为它们存在。

我们并未在书中提到人为的法则，因为市面上已经有许多充分探讨它们的书。你可以只运用灵性法则来创造财富。然而，知道社会为财富创造了什么规则也很好，让你能和谐地运行在这些法则中。当你能和谐地运用财富的灵性法则与人为法则，你将会花费更少的能量去吸引、储蓄与创造更多的财富。

透过赚钱与花钱的方式，你在财富的使用上反映你对人们的真诚、慈悲与爱。你可以有钱并遵循你的灵性法则。财富来自你与内在智慧的校准、服务他人并将周围能量带进更高的秩序、更大的和谐与更美的状态。让你的丰盛繁荣建基于你对世界的贡献。贫穷不会比较"高尚"，因为你需要财富去完成你的人生志业。你的灵性成长将增加你显化丰盛的能力，而你的显化能力将协助推展你的灵性工作。

财富具有庞大的力量。你赚取、累积与花用财富的方式，决定财富是否能成为创造你与人们的更高益处的力量。对财富抱持新的想法，能让它成为在地球行善的力量。形式追随思想，你的新思想能为你与人们创造新的财富实相。你们每一个人都是强大的广播站,你们能放送关于财富的正面思想,为地球的财富贡献更高的愿景。

匮乏信念造成你们的战争与对地球的掠夺,如果人人都能创造与生俱来的富足,你们便少了许多征战与伤害地球的理由。你的新信念将为你吸引许多新的观点,发现为每一个人创造富足的方法,以一些你们尚未想到的方式去利用太阳能与其他的无限资源。

你们现在的科技已经能运用宇宙无限的供给,让地球上的每一个人都拥有足够的食物、温暖、衣物与庇护。除非你们相信,否则你们无法体验。你可以从相信你的一切需要都能满足开始,你能拥有的,无限!

从拥有更大的财富吸引力的意图开始,你现在就能吸引丰盛。你对创造财富的意图是迈向财富重要的一步。在你阅读时,不妨暂停一下,花时间思考你对财富的意图。你想拥有富足吗?你准备好变为富有,拥有想要的一切,让财富为你工作吗?

当你建立你的意图时,一连串的事件便会开始展开,为你吸引必要的能量、资源、点子、热情、机会、关系与灵感来实现你的意图。让新的境遇在外在世界显现也许需要一点时间，保持意图是重要的关键，稳稳地把它放在心中，拒绝任何疑虑。当你设定富足意图，你让富足成为你的内在实相，外在实相的成形只是时间的早晚而已。

放掉任何关于匮乏或失去的想法，花时间感谢你带进生活的一切。现在就开放去接受宇宙等着你宣告的礼物。也许你可以在这里暂停一下，敞开自己，接受此刻正在送给你的祝福、机会、想法、点子、能量、启发与指引。

拥抱你的创造力，以无限的方式思考，追求想要的一切。保持弹性与开放，愿意接近新事物。学习尊重与滋养自己，允许你拥有的比可能的更多。我们邀请你与我们一起在更高的世界嬉游，得到你无比配得的一切。那么这将是你此生最喜悦、富足与充满创造力的一段时光。

第一部分

创造
富足

第一章

你是丰盛的源头

安静下来,闭上你的眼睛,想一样你曾经渴望并得到的东西。回想一下你得到它之前与之后的感受——你对拥有它的正面想法,你感觉你会拥有它,回想你收到它的那个片刻所感受的喜悦。显化是自然且自动的事,你总是在运用你的想法与感觉创造你所想要的东西。它是一个过程,让你把内在的想法、概念、愿景与梦想带进外在世界,并获得感官的体验。

当你想着一件你笃定能得到的东西,你对它持有正面的画面,你知道自己可以得到它,毫不怀疑,你渴望,意图拥有,你愿意采取行动让它进入你的生命。观察你如何创造那些简单的小东西,从你感觉轻易的事物开始去锻炼你的显化技巧。

当你对自己的创造能力有信心,你便准备好用更无限的方式去显化更大的事物。你的创造没有限制,你活在一个无限的世界,任何事都有可能。

我是丰盛的源头

你的财富与丰盛的源头是你自己。运用感情、想法与意图,你能成为心想事成的创造大师。你的财富的源头是你,而非你的工作、投资、配偶或父母。当你联结内在的无限丰盛,开启与更高力量的联结(有些人称之为临在、一切万有或宇宙),散发内在的平静、喜悦、爱、平安与活力等更高的品质,你就是你的丰盛源头。

拥有财富与事物不如熟悉创造过程来得重要。当你熟悉创造的过程,你的丰盛能力将不取决于经济环境或外在条件。心想事成的能力,会让你在想要的时候创造那些你需要的事物。学习创造富足是成长过程的一部分,需要你转变想法并扩大你认为自己值得拥有什么的信念。

得到新事物的过程,一辆车子、一幢房子或大笔薪水,等等，会带给你成长、学习与新的技能。当你熟悉显化过程，你能运用财富或你创造的事物为工具来扩展意识，更完整地展现你自己。

你的想法具有真实的材质，虽然你的科学仪器无法度量它们，但你可以想象你的思想是磁铁，这些磁铁会到外在的世界为你吸引与它们相似的材质，不断复制直到成形。你周围的每一样事物存在之前，都曾是人们心中的想法。例如，汽车、道路、住家、建筑与城市，它们在真实存在之前都曾经是想法。

你的想法设定了模型，决定什么事物要被创造出来。你的情感提供能量给你的想法，促使它们从内在世界生成外在的形体。当你的情感愈强大，你创造的速度就愈快。你的意图引导你的想法与情感，并维持稳定的焦点，直到你得到它。

我专注于喜爱的事物，并将它吸引到我的身边来

因为你的想法设定模型决定你会吸引什么，因此重要的

是，想着你要什么，而非不要什么。因为你无法害怕或厌恶某个相反的事物而得到它。例如厌恶贫穷不会让人富有。能量追随思想，你的焦点放在哪里就得到什么。你愈喜欢拥有财富与丰盛，愈经常想象你拥有它，就愈能将它吸引到你身边来。

正面的思考也很重要。正面的情感与想法为你吸引你想要的事物；负面的情绪无法让你创造你想要的事物，只会为你吸引你不想要的。花时间安静下来，正面地想着你想要的事物。你若不以更高的方式思考，而仅仅在问题上打转，你是在拒绝丰盛。

不需要对负面的想法感到不安，因为害怕或讨厌负面想法，只会给它们更多的力量。你可以把负面想法当作不知如何是好的孩子来回应，保持微笑，指出有更好的方式即可。每当你认出一个负面想法，就在那个负面想法的旁边放上一个正面想法。例如，如果你抓到自己正在说："我没有钱。"简单改口："我很富有。"就行了。

我的想法挚爱而正面

正面思想比负面思想更有力量，一个正面的想法能抵消千百个负面的想法。除非显化它们能教导你一些有益于你的成长的事，否则你的内在会阻止较低的负面思想形成实相。

内在和宇宙爱你、守护你。你的想法愈高、愈正面，你的内在会让你的更多想法显化成真。你愈进化，你的想法成为实相的力道就愈大，你就愈有责任用更高的方式思考。

这里有许多美妙的工具可以帮你学习正面思考，举个例子，你可以为你的画面加光——想象一道真实的光线进入你的画面。你可以练习让负面的想法褪去、消失而放大正面的想法。

现在，花一点时间想一件你想要的事物，在那些说你无法拥有它的想法里挑一个出来，想象它开始褪色或想象它被写在黑板上，你把它擦掉，或把它放进气球里让它飘走。用任何你心中浮现的方式移除那个想法。

现在，创造一个你为什么能拥有它的想法，写下来，为它加光，想象有人用甜美的声音把它读给你听，在心中创造那个你收到或拥有想要的事物的画面,把它变得如此鲜活生动,仿佛你真的能够摸到、闻到、看见或感觉它。放大那个画面,直到你能走进它,而不仅只是在外面观察它。

当你让负面想法褪色消失,你取走了它们成为实相的力量;同理,当你把正面想法变得鲜明生动,栩栩如生,你便在增强你将它创造为真的能力。

反复发想你想要的事物是很有力量的。你过去得到的东西,你大概经常想着它千百回。坚定的反复发想把你想创造的东西植入你的潜意识,你的潜意识会为你创造你所思所想的东西。你的想法必须明确不动摇。

肯定语是一些能让你复诵的正面思想,当你复诵它们,它们会进入你的潜意识,在那里显化你的实相。肯定语要用现在式来说,例如"我拥有无限丰盛",并经常复诵它。

你的某些负面想法有可能来自你周围的人放大的担心与恐惧。例如,你本来觉得自己的经济状况还不错,但是在与某位有财富烦恼的朋友聊天之后,你开始担心起未来的财务。当你发现这种情况,要明白,你被别人的想法影响了。提醒自己,你活在丰盛的世界里,你的宇宙一切安好。

一群人会产生更强大的集体思想，也会影响你的想法。例如，不管在哪里总是有人对景气感到不安，认为衰退或经济大萧条即将到临。如果你也担心经济问题，那么你可能不知不觉便对准了大众的想法与担忧，而把他们的不安当成你自己的。无论在哪里，总有人感觉时局困顿，也总有人认为时机大好。不管外在的景况如何，你创造你的丰盛繁荣。你的挑战是对自己的经济状况抱持正面的想法，不被集体意识的想法或说法影响。即便在经济情势最糟糕的年代，也都有发展经营得很好的事业与人才。你是你的丰盛源头，无论经济或其他外在环境如何，你都能拥有美好、正面的丰裕人生。

我的选择与机会每天都在增加

正因为你的想法创造你的实相，透过学习以更宏大与不受限的方式思考，你能为自己创造更好的生活。天马行空的想法增加你的创造力，扩展可行性，吸引机会并让你拥有更多。天马行空的想象让你先经验得到丰盛时的感受，而这些感觉，正是为你带来丰盛的配备。想象力能为你的头脑开启更大的可能性。

不受限的想法帮助你碰触更大的生命画面，帮助你联结内在的广阔视野，帮助你发挥潜能。伟大的创作都始于愿景。父母经常会对孩子发挥天马行空的想象力，想象他们未来可能的发展与成就，如此帮助孩子认出他们显化最大幸福的能力。当你恋爱时，你会认出对方的内在潜能并协助对方完全发挥。不受限的想法也意味着你要对自己心存同样的美好憧憬，认出并发挥你的潜能。当你思考未来，你在创造一种可能的方向。

要开展你的潜能，你要想象你的梦想成真，因为你的美梦与幻想正为你指出你的潜力。你的梦想是有理由的，它们在引导你走上你在地球的更高道途。放大你的愿景，大胆做梦，胸怀壮志。如果你想开创新事业，不要对你拥有或达成的目标妥协。假设你打算一周服务一个客户，把目标想成每周五位；如果你计划一年后开始你的事业，想象一个月后就开始感觉如何？假装现在就是一年之后，而你在回顾自己一年的努力成果，你这一年内完成了什么？

我喜爱并信任我的想象力

发挥想象力可以扩大你的想法。想象力的范围远大于你的想法，它是你与内在最接近的联结。它不会被你的过往程式、信念与恐惧所束缚。想象力让你能超越你的物质世界。它让你有能力跨出人格的限制并解放你最大的潜力。你的想象力能到达任何次元或世界，它能创造一条通往无限未来的通道，帮助你看见各种选择的可能结果。

善用想象力与你做白日梦、幻想的能力。不要想着"那不可能，达不到"，想想它的可能性。除了想象你要的结果之外，问自己："什么是可能的最好的结果？"在你想象那个可能的最好结果出现之后，逼迫自己想一个更好的。每当你发现自己在想象，看看你是否能扩大那个画面或注意更多细节。想大一点！要求比你认为你能拥有的更多，扩大你的想象，放大你的格局，把玩那些新的点子。看看你是否能超越你认为你能拥有的范围。

我是个无限的存在，我能创造我想要的一切

当你开始练习无限制的思考，可能会发现一些先前的想法仍在为你创造实相。在你送出不受限的新想法时，仍遇见那些过去的有限思维创造的结果。不要因为没有看见立即的成果而沮丧！那些老旧想法的模式会逐渐离去，而你会经验新想法的成果。

你在地球次元学习以线性的方式显化。因此，你必须思考你想要什么，一再地想着它，并尝试实现它。你有机会去把玩你创造的事物，然后说："噢，这不是我真正想要的。"或者"下次，我想我会要一个不同的东西。"地球是个特别的地方，它让你练习让想法变得清晰之后再显化。尽管你也许抱怨显化想要的事物比你预期的更久，然而对大多数人而言，想到什么就立即显化什么并不是一件愉悦的事。在你得到某样事物时，通常你已经历了一段成长过程，并厘清你要什么。

允许自己扩大对可能性的想法，不用担心你是否有办法创造它。当你扩大想法，显化梦想的能力会自然被培养出来。你愈扩大你的想象力，开拓新的领域，超越你认为可能

的范围，你愈能打开通往无限丰盛的大门。

你若不相信一件事是可能的，你就不会拥有它。但如果你心中有微小的声音说它是可能的，你便踏上了创造它的道路。如果你不相信你能拥有，你就无法创造。在心中活出你的梦，想象或感觉你已经得到它。听听梦想成真时，你会对自己说什么，以及人们会对你说的话。让想象极近真实，你感觉你能创造它，而不只是个虚幻或遥远的梦想。

允许自己创造一个愿景，做做白日梦，天马行空地想象。然后，每一天采取一些简单而具体的步骤去达成你的目标。总是有一些你能立即采取的实际行动。如果你是想要组织团体的老师，有时候，打扫房子与整理文件就是你开创愿景的下一步。

我为自己与人们描绘丰盛的画面

想象你拥有想要的一切——满意的工作、足够的存款、美好的关系。看看你会如何造福周遭的人。想象你认识的每一个人都很丰盛并且生活顺利是什么样子。挑战自己要得更多，不仅为了你自己，而且是为了全人类。

例如，如果你在等待一份更优渥的工作——想象每一个正在求职的人，都得到很好的职缺。如果你想扩大你的服务，例如吸引更多学生来上课，请想象每一个想借由招生来扩展服务机会的人都会成功。这教导你宇宙存在着能让所有人满足的真正丰盛，并且借着设想人人丰盛富足，也帮助你联结自己的丰盛。当你扩大设想的对象，为每一个人想象他的丰盛，你也在为自己打开更多丰盛降临的途径。

不受限的思考不仅是放大想法，还要有创意。它允许你想象你拥有可能拥有的一切。对愉快的惊喜保持开放，因为你的内在可能会出乎意料地带给你更大、更好的一切。信任你会收到完美适合的事物。

思想背后的情感决定显化的快慢。如果你真心渴望一样事物，它会比可有可无的想法更快实现。让自己产生得到想要事物的兴奋感，生动鲜明地想象你经验它，仿佛你能摸到、看见或感受它来到的感觉。经常热切地想着它，然而也要愿意放手，让它以最好的方式到来。

为了显化你想要的事物，你要维持创造它的意图，换言之，下决心拥有它并投入心力得到它。渴望拥有的意图会引导你把能量集中在你的目标上。当你全神贯注地把精神凝聚在你想要的画面上，你将创造它。即使在进行其他活动时，也要把那个画面放在心里。

当你把焦点固定在获得某一样事物，对它的意图清楚而强烈时，你能快速创造你追求的事物。你对机会将保持警觉并加以把握，你会轻松愉快地吸引事物到来。现在，想一件你渴望的事物，你真心想得到它吗？你在做其他的事情时也会想到它吗？

你也许曾经有过衷心想要一样事物，你依着你的真诚采取必要行动，而你得到了它的经验。你克服一切阻碍，你知道你会得到它，你想到拥有它的情绪很正面，你迫不及待想得到它。反之，你也一定曾经创造过你不确定你是否想要的事物，你一遇到阻碍也就放弃了。如果你认为你想要的东西遥不可及或感觉很难达成，你的意图必然不够清楚。

当你拥有一样事物的意图清楚，你会产生一股如同镭射光一般的集中能量，为你带回你要的东西。你若真心想要，就会得到。

我的梦想成真

◎ 练习：学习放松、专注与观想

观想是在你得到一件事物之前，用想象力描绘它。你愈能鲜明生动地用宽广、不受限的想法思考，你的创造就愈容易。想象力是你产生能量最强大的工具，请用创造发明的态度充分发挥你的想象力。

你一直在运用观想的能力，你创造任何事物之前必然会先在心里勾勒画面。当你假装拥有一样东西，你便开始与它的频率调和校准，并且把拥有的感觉带进你现在的实相。这种感觉会开始为你吸引它。

不要担心你是否能具体描绘你想要的东西，因为并不是每一个人在想象时都能看见画面。有些人只会感觉、感受或想到它，有些人则有色彩与清晰度不一的画面。画面是否清晰并非成功创造的必要条件。大多数人发现练习可以让观想更容易。

专注，是指在你的脑海维持一个想法或画面而不想其他的事。你若能每一次专心想着你要的事物几分钟，便能加快吸引它的速度。接下来的练习是要帮助你放松、保持专注及练习观想。它是第四章"运作能量与磁化"的基本功夫。

◎ 准备：

找一段至少十五分钟不被打扰的时间，为自己创造一个轻松舒适的环境。放一些平静放松的音乐，在身边摆一些能握在手中的小东西，像是一块小玉石或水晶。

◎ 步骤

1. 找个能维持十到十五分钟的舒服姿势，坐在椅子上或躺在地板上，尽量维持脊柱平直，让好能量流动于你的全身。闭上眼睛,开始缓缓地呼吸。做二十次缓慢的韵律呼吸,把气体吸进你的上胸腔。

2. 放松你的身体,感觉你愈来愈平静、安详。用想象力扫描你的身体,放松每一个部位。想象你放松你的双脚、小腿、大腿、胃、胸腔、手臂、手掌、肩膀、脖子、头与脸。微微松开你的下巴,放松眼睛周围的肌肉,感觉你愈来愈平静。回想一段你感觉内在最宁静的时光,把那种感觉带进你的身体。

3. 闭上眼睛,想一个你家中的房间。你如何想着它?是在脑海中看着一个荧幕画面还是感觉你仿佛站在房间中,用你的眼睛观察四周?你可以觉察你就在房间中吗?它是彩色的吗?房间的摆设如何?你能一一描绘房间中的家具吗?花一分钟尽可能清楚鲜明地想着整个房间的样子或感觉,然后放掉它。

4. 张开眼睛。拿起你准备握着的小东西。花几分钟仔细观察它,注意它的颜色、形状、重量、感觉与材质,以及其他更多的小细节。现在,放下它,把你的手放在相同的地方,保持握着它的姿势,闭上眼睛,在脑海中重建这个小东西的影像，尽可能清楚详尽。你能想象它的颜色、形状、重量、材质与你握着它的感觉吗？

5.现在，想一件你想要但还没有得到的小东西。在这个练习里，选一件你见过的东西。闭上眼睛，尽可能完整描绘那样东西。它感觉起来如何？它的颜色与形状如何？

6.现在，练习扩大想象力，想一个比刚才你在想的更好的东西。当你想象你拥有这样更好的东西，你感觉如何？当然，如果上个步骤你想的就是你要的东西，你不需要要求更好的。然而，练习扩大想象力对你是有好处的。

7.现在，想着这个你要求的物件，把它带进你的生活。专心一意，维持两分钟，除了它之外什么都不想。如果有任何其他的想法生起，用一个光泡包着它，把它送走。

8.当你感觉平静、放松并准备好要回来，把注意力慢慢带回这个房间来。品味与享受一下此刻你的宁静与平和。用这个更明亮清晰的视野，看看周遭的世界。

◎ **自我评量**

当你感觉更平静、放松或平衡,就表示你达到了进行磁化需要的意识状态。你愈平静、专注,你的想法愈高,你在第四章运用磁化吸引想要的事物,效果就愈好。

如果你不觉得放松与专注,多做几次练习或其他冥想,直到你可以。

留意你观想的方式,你是感觉是看见?它们是彩色的吗?画面有多清楚?继续练习直到你能看见那件你渴望的事物的画面或感觉到它为止。如果你对你的观想能力感到满意,并且能保持专注在你想要的事物上几分钟,那么你就可以进行下一章。你若还做不到专注于想要的事物几分钟,在阅读下一章时,你还需要多做几次专注练习。

第二章
变为富有

不管你觉察与否，你的内心深处总是追寻成长与活力，想发挥最大的潜能，成就一切的可能。多数人追求充满乐趣、爱、喜悦、安全、创意自我的展现、快乐而有意义的活动与拥有自我尊严的人生。你愈能在生活中展现这些层面，你会感觉愈充实，你会发挥愈大的潜能。显化很重要的一部分，是学习只创造满足最深层需求的事物，让它们成为工具，帮助你成长并拥有最美好的人生。

创造新事物的渴望，不管是想要一双鞋、一间新房子或一大笔钱，之所以出现，是因为你准备好要成长并发挥更高的潜能。大多数人认为有钱就可以满足他们的需要，让他们体验那些他们还没有的感觉、品质或情境。有些人认为财富能带给他们活力、安康、尊严、内在平静、爱、力量或安全感。他们认为有了钱就能高枕无忧，放心玩耍或不必做那些不想做的事。

财富与物品并不会自动满足你的需要或给你想要的感觉。如果你认为有钱会让你感觉内在平静，那么把内在平静的品质带进生活，便是你吸引财富的关键。任何你认为财富能带给你的品质，诸如活力、平静或尊严，就是你增进吸引财富与丰盛的磁力，特别需要培养的品质。不要用财富与事物来填补空虚，它们是帮助你表达自我与实现潜能的工具。

有位男士想获得一百万美金。他不在意如何得到它，他认为只要有这一百万美金，他的生活就会变得很完美。事实上，他没有察觉到，他想要这笔钱是希望自己可以变得更有活力。因为他并不觉察自己为什么要那笔钱，所以不曾问："我如何可以感觉更有活力？"反之，他对自己说："即使不喜欢，我也要更努力工作。少做喜欢的事，就更有时间赚钱了。我现在要放弃我的嗜好，只要有钱，我就有了一切。"结果，他发现自己愈来愈讨厌上班，因为不喜欢他的工作，自然不会尽心尽力，他错失许多升迁的机会。

他听说有许多快速致富的投资方案,便投入所有积蓄,甚至用信用卡借钱来投资。结果不幸投资失利,赔了不少钱。二十年后,他还在做同样的工作,抱怨自己不受赏识并继续寻找下一个快速致富的机会,想要一举致富,获得美好的生活。他想等到有钱再去做他想做的事,然而,因为没有去做那些帮助自己提升活力的事,他从未得到他想要的那笔钱。

我活在丰盛的宇宙中,我拥有每一件我需要的事物

停下来,问自己什么是你现在缺乏,而你认为有钱就会拥有的?一大笔财富能满足你哪些更深的需求或渴望?你会有更大的安全感吗?从此高枕无忧?或你能进入更简单的生活吗?不需要做不喜欢的事,一切问题迎刃而解?或你有自由做喜爱做的事?你认为财富能带给你什么样的更高的品质或感觉——内在平静、爱、自尊、安康、快乐?如果你要的不是财富,而是一样物品,那么这样东西能带给你什么满足?如果你没有任何物质渴求,那么什么是你

更想经常体验的更高品质或感觉?

你现在就可以开始满足你的这些需要,即使你还没有得到那些你想创造的东西。你现在就可以拥有喜悦充实的人生,发挥更大的潜能。任何能带给你更高益处的本质都已经在你身边。宇宙并没有说你必须成为千万富翁,才能得到对你有益的好处。宇宙说的是,你能获得带给你更高益处的一切,当下,今天就可以。问自己,想要财富带给你什么,然后想办法立即拥有那些你要的本质。

举例而言,有人认为有了钱生活就能变得单纯。借着培养与展现让生活单纯的品质,像是内在和平、安好、内在静定等,你现在就能拥有单纯的生活。财富无法让你的生活更单纯。事实上,如果你不学习让生活简约的品质,财富只会让你的生活更复杂。如果你想要的是简单的人生,想想你现在可以做些什么开始简化你的生活?

有些人希望有了钱之后,就不必做他们不喜欢的事。要能不做不喜欢的事,必须学会更加尊重自己。你可以从学习停下那些你不喜欢的小事开始。如此得到更多对自己的尊重,并逐渐养成只做喜爱的事的习惯。

有些人想赚钱是因为认为财富能解决他们的生命课题。在地球生活，你无法避开你的功课，但可以轻松愉快，而非痛苦挣扎地学习。培养内在智慧和平静的品质，能帮助你把问题当作成长的机会，这比有钱更能帮助你处理问题。

你也许因为安全感而想拥有大笔财富。安全感并不来自攒聚财富，某些人即使创造亿万身家仍无法感觉安全。事实上，若不先学会感觉安全，更多金钱可能会放大不安或加深恐惧。对你而言，安全感可以来自培养勇气与信任内在指引等的品质。你的内在若感到安全，你将创造一个反映那个安全感的人生。如果你想活得更有保障，先停下来，静一静，问自己，培养什么品质会让你感觉更安全？

有些人想要钱，是认为财富可以让他们更有力量。我们指的并非意欲操控他人的小我力量，而是真正的力量，那种源自向上伸展，获得内在平静、发挥潜能与发自内在之光而非人格的力量。什么品质能有助于你感受个人力量？你可以找出展现那些品质的方法，并多从事这类的活动。

我散发自重、平静、爱、美好与快乐的品质

当你透过言语、行动与你的存在,把那些财富能带给你的更高品质由内散发到外在的世界,你便具有吸引财富与事物的磁性吸力,能为你吸引代表你的意识新水平的物质展现。

培养任何更高的品质——爱、内在平静、美好、快乐、勇气、个人力量或自我尊重,将改变你的振动,让你吸引符合新振动的事物。你不仅能吸引更多财富,还有那些帮助你展现你的成长的形式。你会吸引你想要的事物,那些你还不知道自己是否需要的事物甚至会在你认出它们之前便来到。你吸引的比你要求的更好,你周围的一切都将符合真正的你。

有位男士,十五年来的目标便是赚取千万财富,然后退休轻松度日。有一天他了解,这些年他所累积的财富,离他的目标简直遥不可及。他尝试过每一种他知道的方法来赚钱,做过各种投资,结果有好有坏;他每天努力工作,从不懈怠,才存下一小笔退休金。他花了一些时间思考千万

财富带给他什么，他的结论是如此他将有时间放松，有自由做自己爱做的事。于是他决定，不管有没有那笔钱，也要开始找时间放松并从事自己喜欢的活动。因为事实很明显，若要等待那笔钱，他可能永远也没有机会过想要的生活。

在尝试几次的放松之后，他了解他需要培养尊重自己的品质，因为每当他想放松或做喜欢的事情时，就会出现一些责任和工作来阻挠他。他检视尊重自己对他的意义，他得到的结论是：给自己独处的时间去进行有趣的嗜好。于是他开始重拾年轻时的兴趣，弹奏喜欢的乐器。

在他独处时，脑海中经常会浮现许多美妙的旋律与词句，于是他开始把它们录下来。当他追求音乐的创作，他发现他的创意也延伸到其他的生活领域。他对自己的尊重大幅增加。于是他在工作上得到升迁，并换到比原来的薪资高了许多的职务。后来，他把他的音乐创作卖给几家电影公司，踏上了一条从未想过的通往更大财富的道路。

透过培养自我尊重的品质，他不仅创造了想要的财富，还有许多美好的事——一份喜爱的工作、一个充实满足的人生以及一个展现更大潜力与技能的机会。

我用喜悦、活力与爱自己，创造财富与丰盛

如果你明白财富满足你什么需求，带给你什么更高品质，并致力培养这些品质，那么你吸引的财富与事物将带给你喜悦与充实的成就感。如果你不知道它给你什么深层满足，或你想展现什么更高品质，那么即使你成功吸引它，你得到时也未必满意。你现在赚的钱可能比以前多，但你不感觉比以前更富有。当内在需求没有被满足，拥有再多财富你也还是觉得不够。

你可以用贪婪或不尊重别人的方法，或基于其他理由创造财富，但你无法感觉满足。吸引大量财富并不需要透过成长与发挥内在潜能才能发生。然而，你创造财富与事物的方式，会决定你经验到的功课与成长。如果你因为贪婪而创造财富，你的财富可能很快会被追讨或失去，你为自己带来许多贪婪的功课，包括担忧与恐惧；你吸引的财富可能会放大你想要解决的问题。

我做的每一件事都带给我活力与成长

一旦确认财富满足的深层需求与你想经常体验的更高品质,你便能用许多方式得到满足并展现这些品质。方法之一是,列出能为你带来渴望感受的活动,下决心经常做它。例如你想要有更多的活力,你可以下决心做一些让你感觉活力充沛的活动,像是与亲朋好友共度一段美好时光、在公园散步、看电影或培养创作的嗜好。一旦你认出哪些活动能使你活力充沛,你就要经常这么做。如果你认为财富会带给你更多活力,那么从事这些带来活力的活动,就会为你吸引财富与丰盛。

如果你不知道什么活动让你感觉活力充沛、平静或其他你想要的感觉,就想想上一次拥有这些感受的时光,你那个时候在做些什么呢?如果你想不起任何带给你活力的活动,检视你现在的生活,问自己什么状况能提得起你的干劲,即使只有些微提升也行。开始把注意力放在那些让你感觉充满活力的时光,看看你在做什么,频繁地从事那些活动。当你习惯之后,你会发现更多感觉活力的方式。现在就从你已经知道的活动开始。你不需要等到技巧更高一阶才行动,因为显化能力是逐步渐进的。尔也不必一次拥有每一样东西。一次一小步,你的成功会自然建构,你会更常感觉活力充沛或得到任何你想要的品质,直到那些感觉成为你的一部分。

一位女士确认她想要的活力充沛的感觉,是来自一周几次在社区大学上课时,每次一个小时的读书,以及经常泡泡温暖的热水澡。一位男士希望有更多的内在平静,他明白能带给他平静的是运动,偶尔在周末钓钓鱼与打造一间小型工作室来摆放他的工具并做做东西。

当你体验更多内在平静、喜悦、活力或任何更高的品质,你就迈入个人进化的下一个阶段。你会更有成就感,为自己感到开心,更能活出充满创意展现、快乐与有意义的活动,感到自重、自爱与自我价值的人生。

当你展现愈多你认为财富会带给你的更高品质,你不仅能吸引更多财富,还有各种生活领域的丰盛。你是一个伟大而有力量的存在。相信你值得拥有你能想象的最美好的人生!

体验目标带给你的品质，便能让你取得目标

◎ 练习：展现更高品质

这个练习是学习透过观想拥有与成为某种品质，而展现那个更高的品质。

◎ 准备：

找一个你能放松与思考的地方，给自己一段不被打扰的时间，用第一章学习放松的练习，让自己达到放松的状态。

◎ 步骤

1. 闭上眼睛，想一个你想拥有更多的更高品质，像是

勇气、平静、快乐、安好或爱。最好选一个你认为有钱能带给你的品质。想着这个品质，想象你能感觉它。它感觉起来如何？你能将这感受带进身体吗？当你用身体感受它，观察你的呼吸与姿势有些什么改变？

2.想象一个你在未来表达或经验这种感觉的情境，它代表你如何在那个想象的事件中体验那个品质。例如，你若想在生活中拥有更多内在平静，想一个你经常碰到的情况，看见自己在它发生时体验到的内在平静。让简单的画面在脑海中不断重复，直到你在那个情境下，真实体会到你要的感觉。

3.你观察的画面如何？其中有谁？你穿的服装是什么？周围的背景又是什么？尽量仔细地想象它。

4.再次观察你的画面，它是亮的还是暗的？把画面变得明亮些。注意你对这个更高品质的感觉。

5.你的画面是像电影荧幕一样出现在眼前，还是你感觉你在画面之中？你的画面是大的还是小的？是近是远？把画面变得无比真实，仿佛你就置身其中。

6.如果有人在对你说话，想象那个声音听起来美妙、愉快、丰富。为你的画面配上悦耳的背景音乐,例如大自然或海洋的声音或美丽的音乐。

7.调整你的四周背景,把它变得更美,更愉悦,在脑海中强烈感受画面的色彩鲜明。体会当中的每一样事物,仿佛你可以闻到它们的气味。让画面呈现三百六十度的环场影像,围绕着你、笼罩你,仿佛你就是其中一部分。让你的内在平静或你想要的任何品质变得更真实。如果你开始分心,把注意力带回这个画面与你想要的品质。

8.你愈能鲜明地进入那个画面或感受那个品质愈好,看着自己享受那个感觉或品质。让它栩栩如生,仿佛你能触碰、听到与看见它,全然投入你的感情。

9.让画面慢慢褪去,花些时间享受你的感觉,然后慢慢地睁开眼睛,深吸一口气,把注意力完全带回当下的实相。

◎ 自我评量

你愈能想象自己身历其境,而非像看电影一般从外面注视它，便愈能轻易快速地创造你想要的品质与感觉，并且经常在生活中经验它。如果你无法想象那个情境，提醒自己经常想起那个品质，如此你会将它吸引到你的生活中。想象你经验到它，把那种感觉带进身体，尽可能真实感受它。认出每一个你体验、感觉或展现那个品质的片刻，那么这个品质就会增加。

第三章

发现你想要什么

你对于想创造的东西、财富等事物，或许有很多想法。这些创造中的某些可能帮助你更完全地表达你的更高品质，另一些则不然。你或许曾经经验过得到一个你朝思暮想的东西，却没有得到预期的满足。你可以学会只吸引那些最能表达你的更高品质、实现最深层需求的事物，而对你的每一个创造感到心满意足。

下一章"磁化吸引想要的事物"中，你将学习运用能量与磁力吸引你想要的事物。在运用磁力前，你先要知道自己想要什么，它会带给你什么本质，满足你什么需要，以及如此你能展现的更高品质是什么。这一章你会学习如何厘清你想要的本质与它所属的特定形式。如此当你运用磁力吸引，它会来到，并且以一种让你心满意足与感觉喜悦的形式出现。结果你所吸引的，会比你想象的更好。

无论你是否知道它的特定形式、数量或风貌，都能有效地吸引它，重点是你必须知道它的本质。一样事物的本质是指你希望它发挥的功能、你想要使用它的目的，或者你认为它能带给你的好处。世上还有许多其他的事物能给你那个你想要的本质，所以，你可以开放让它以任何最适宜的方式、大小、样貌或形式出现。

我明白想要事物的本质，我能得到它

当你知道想要的本质是什么，便有许多方法得到它。例如，如果你想要一辆新车的本质是你想要一种更可靠的交通工具，那么除了新车，也许还有许多其他方法可以创造它。如果你不清楚你要的本质，有可能你会买到一辆新车，但是它就像你原来的车一样状况百出。

有位女士想要辆新车，因为她的车经常出状况，她很担心夜间行驶的安全。她并非不喜欢原来的车或想要花钱买辆新车，只是她认为买辆新车是拥有一辆可靠的交通工具唯一的方式。她让自己安静下来,观想一辆车,并吸引她要的"可靠"的本质。很奇妙地,她的旧车竟然不再出问题!几年后她才买新车,而且非常稳定可靠。她要求的本质来得很快,虽然并非以她想象的方式。

你也许想要一件新外套。知道你要的是具备哪些特质的外套,会让你明白它带给你的本质。你可能决定它一定要保暖、美观与耐穿。当你明白你要的本质之后,你会了解许多外套都能满足你的需求。也许你会发现除了外套以外,其他形式像是毛衣或厚衬衫也很不错。当你明白你想要的本质,你会放宽事物到临可能的形式、方式与范围。如果你不清楚你要的本质,那么你可能会买到一件外套,却发现它下雪时不保暖或下雨时不防水,或者不耐穿。

你也许不知道哪些特质最符合你的要求。你也许想要一个新家,但不知道它的地点在哪里或有几个房间。这种情况,你可以思考它在生活中要满足什么特定功能与你会如何使用它。你也许会要求它能看见日出,采光良好,邻近树林,有空间从事嗜好,有很好的隐私、开阔的感觉,等等。这些功能就是那个房子的本质。

我创造的每一样事物都让我感到满足

如果你只把注意力放在新家的外观细节,却不明白你的房子要发挥什么功能,你也许会买到一栋看起来与想象一样的房子,却无法满足你的需求。如果,你买一栋特定的房子只因为你喜欢它的样子,却不知道你要在屋子里做什么(例如招待朋友、储放户外设备或设立办公室),那么这个房子也许会让你失望。它可能太小、不方便招待朋友、没有足够的收纳空间或房间太少。仔细描绘你要的房屋细节是好事,可以甚至详细到诸如墙壁的颜色。然而,更需要清楚的是你为什么要这些特定的功能。当你明白你要的本质,你吸引的事物就会给予你希望的满足。

即使知道了你想要的形式,你还是要明白它的本质。要发现本质,你必须尽量明确。例如尔要一台新电视,想想它的颜色、特性与功能,然后问自己:"我为什么要这个而非那个特性呢?"当你变得愈明确,你愈会发现你想要的本质。如果你设计或制作过东西,你就会明白你必须事先想好所有的用途与功能,做出来的东西才会达到你的目的。

我所创造的比想象的更好

如果你想要的事物不是具体的,诸如富有或快乐,问自己:"我如何知道自己是快乐的?银行有多少存款会让我感觉富有?它意味着多少月的收入?或为了特定项目我能多花多少钱?"如果你要求额外的财富却不定数目,可能你会得到一笔钱,但不如你想要的那么多。要求金额明确的财富会吸引它或更大的金额。观想这笔钱带给你的本质以及你想透过它展现的更高品质。

当你要求吸引某件特定事物时,问自己:这个事物的本质或功能是什么?我将如何用它?它是唯一可接受的形式吗?我足够开放让最好的结果到临吗?有没有其他形式能以更好的方式发挥相同的功能或甚至更好?我能立即拥有那个想要的本质,而不买那一样东西或得到一笔钱来买它吗?当你进行磁化吸引时,你可以观想那样东西与你要求的功能,或观想你的要求并让它以最好的任何形式到来,两种方法都可行。

你要清楚想要的本质,并学会在它出现时认出它。有位女士想要一间条件特殊的公寓,有阳台、采光好、邻近公园。她知道那样的房子会带给她什么。阳台可以让她有个种蔬菜的小花园,邻近公园让她能经常接近户外的树林与新鲜空气。

她运作能量吸引那间公寓与它能带来的本质。不久之后,她认识一位新朋友,他从事农业工作,他送给她许多新鲜的蔬菜。他喜爱户外活动,于是他们共度许多周末,一起在风景优美的地方健行与露营。有一天,她领悟到她已经得到一间新公寓带给她的本质,它到临的方式比她想象的更好。如果你想要的事物尚未到临,探索你要求的本质是什么。你的内在会带给你渴望的本质,虽然也许不以你期待的形式出现。你想要的本质也许早就出现了,你需要的只是认出它。

要成功地磁化吸引,要专注于创造你想要的,而非摆脱你不想要的事物。许多人不知道他们想要什么,却清楚他们不要什么。如果你不知道你要什么,从检视生活环境中那些你不喜欢的地方开始,要求与它们相反的情况出现。

你可以带着探索的乐趣问问你的朋友,什么让他们快乐或他们在生活中想要什么，你会惊讶有多少人从自己不喜欢的事谈起，而非谈论他们想要什么。对于每一个你不喜欢的情况，尽可能清楚地描述你要什么来替代，用现在式，把它当成一句肯定语来说。与其说："我不想为支付账单烦恼。"不如说："我每个月都能轻松支付账单。"

磁化吸引还有一个非常重要的面向是：你能真实地想象自己拥有你要求的事物。你若想要一百万美金，你能真实想象你拥有它吗？如果你连轻松地准时交房租都感觉很困难，一百万美金或许一点也不真实。当你对于拥有千万财富的可能性没有足够的信心，会让你无法在特定的时间内吸引到这笔财富，品尝成功的磁化经验。

你最好从那些你能想象自己拥有的事物开始要求，从那些你相信可能的事项开始创造。如此你会经验运用磁力与能量工作的成功结果，它将增强你对你的开创能力的信心，你能创造你想要的一切。

每一个成功都建立在前一个成功之上。你的潜意识会对你的显化能力有愈来愈强大的信心，这种信心能为你创造愈来愈多的丰盛。当你体验成功，你培养了一种信念与一份内在知晓，你明白你有可能去创造那些即使一开始你觉得不可能的事。也就是那种内心的感觉——明白你会拥有想要的一切是至为重要的关键，表示你已经准备好要吸引事物进入你的生命。

磁化吸引你真正想要、准备好拥有并让你为此感到兴奋不已的事物。如果，在你想要什么之后，发现你还没有准备好追求它或把它当作你的主要焦点，那么你最好放下它，并将能量用在其他对你而言真正有意义的事情上。如果你对一件事没有真正的动机与清晰的意图，你无法将它吸引到你的身边来。

磁化你真正想要，而非你有所妥协的事物。一件折中之物，甚少能激发你足够的兴奋感，让你愿意采取一切必要的行动去得到它。如果你不觉得你能创造你想要的东西，也别要求一件无法让你真正感到兴奋或激励你的其他事物来替代。

你们许多人心中都有一张渴望清单，是你想要但尚未得到的事物。每一次你想到这张单子，你就会想起所有尚未实现的需求，并告诉自己你没有成功地创造你想要的东西。

写下这份清单，列出每一件你想要的事物，做一番内在的探索，你是真心想要这些东西吗？哪些来自你认为自己应该想要的老旧画面？删除所有不重要的项目，只留下几件你真心想创造的重要的事。

创造心爱的事物能激发你的动机——那些是带给你愉悦而非解脱的事。你们许多人常对自己说："我应该创造财富来还债，我应该送修车子或做这做那……""应该"无法提供足够的情绪能量去创造富足，同时它并非来自你的内在。还债对大多数人而言并非充分的动机，除非这么做能带来喜悦，例如带来安好的感觉或看着债务消融的满足感。认出清单上那些你并非真心想要的事物，如此你才能专注精神去得到你真心想要的。

我聚集能量对准我的目标

当你决定目标，你认为它值得投入能量去实现，让它成为你的第一优先。你还不需要为它耗费大量能量，但明白若有必要，你会愿意付出。选一两件你想在生活上创造的最重要的事，投入全副精神。问自己："此刻，什么是我能在生命中创造的最重要的一件事？"开始创造它。你可以拥有任何你相信你能拥有的事物，并即刻拥有任何你想要事物的本质。

请明白，当你开始运用能量与磁力创造，你会得到你要求的，并且通常比你预期的更容易。大部分事物会经由一般管道而来。如果你经常购物，那么购物就有可能是你磁化的物件到临的方式。不要因为事情来得太轻易自然，就认为能量工作没有用！你也许会说："这太容易了，反正一定会来，就算不运作能量与磁力也一样。"你的磁化技巧会不断精进，你会发现新的方法，得到想要的事物会愈来愈容易。一段时间后，也许看起来好像你什么也没做就心想事成了。

当你渴望许久的事物出现，恭喜自己，你已成功吸引它到你的身边。要愿意把每一件到临的事，视为你成功运作磁性吸力的指标。认出你的每一个成功，如此你创造下一个想要的事物会更容易。

◎ 游戏清单：发现你想要什么

为了练习你目前学习到的内容，想一件你想要在生活中创造的事，一件你还没达到或拥有的事。

1. 尽可能具体地写下你想创造的事物。

2. 你能要求一个比它更好的东西吗？

3. 它需要哪一种程度的企图心？（多少时间、能量、坚持？）

4. 你希望这个物品、这笔钱或这件事能让你展现什么较高的品质？（内在平静、活力、自由、爱）

5. 列出几种你现在就能体验这个较高品质的方法。

6. 你期待这样事物带给你的本质是什么？例如，新房子可能代表你对更多空间、阳光、隐私或环境宁静的渴望。

7. 有什么其他方法可以让你得到这些本质？这些事物各提供了哪些本质？

清楚你要什么是很有力量的，能让你以令你真心满意的方式带进你想要的事物。清晰让磁性吸力更有效益,这是你在下一章会学到的内容。你会想吸引事物带给你的本质、事物的本身以及拥有它而得到的品质。

第四章
磁化吸引想要的事物

当你在行动之前先运作能量与磁力,你会更容易把想要的物件、财富、形式与人们吸引到你的生活中。用能量创造,意味着保持安静,放松,把想要的事物的影像、象征与画面带进心中。要磁化吸引你想要的事物,必须运用磁力把事物吸引过来。

你无时无刻不在运作能量与磁力,即使你平时并不觉察。你可以学习有意识地运用它们来增强你的思想力度与显化心中的画面。短短几分钟的能量运作与磁化吸引,加上明白自己要什么的感觉,能创造比长时间辛苦工作更丰硕的成果。

你总是在放送能量,从无片刻停止。这个能量的传播可能为你吸引或排斥你想要的事物。你可以学习增进你的磁化技巧，增加你对想要事物的吸引力。透过能量运作并学习放松、专注、观想、运用想象力，你会开始磁化吸引你想要的东西。

磁化吸引与磁场的产生密切相关。线圈的意象能帮助你观想与感受磁力。你能运用磁力吸引财富、各种物品与不具形式的品质与本质。也能运用它吸引与工作有关的关系，像是老板、员工、出版商、技术人员等。你无法用磁力改变别人或强迫不符合双方利益的事情发生，因为磁力只能为你吸引对所有相关的人都有益处的事。

当你运用能量创造的时候，创意、发明、游戏的心情与自发的想象力是你最好的工具。每一次你做书中的磁化练习，都可能发现不同的想法、感觉与主意。显化是一种动态的过程，总是在变化中。你感受的磁力强度与画面也许每一次都不同。运用并扩展你的想象力，把玩心中浮现的意象与感觉。重要的是磁性吸力的感受。当你能体会它，你就可以运用任何对你有用的观想与画面去重建那个感觉。

我的繁荣与丰盛的磁性不断增加

有些基本法则能增加你对事物的磁性。第一，你最好知道你想要的更高品质的适当形式。做磁化吸引时，想着你要展现的品质。第二，在吸引特定的形式时，要同时吸引它的本质与特性。如果不知道它的实际形式，可以用象征来代表它并吸引那个象征。象征是很有力量的，它绕过你对自己能拥有什么的信念与想法。第三，要求你想要或更好的事物。第四，喜爱并意图拥有它，对它保持正面的想法，因为崇高与正面的想法会比忧虑、恐惧与紧张更具有磁力。第五，相信你能得到你想要的事物。第六，对你吸引的事物保持超然，不怀"需求感"，这是非常重要的态度。即便它不来或不以预期的形式出现也无妨。提出要求后，对出现的即是最适当的成果臣服。

你最容易磁化吸引的事物，是那些与你成功创造出来的小东西类似或价值相当的事物。从你认为能成功的事情开始创造它们，会为你增进的磁化技巧带来反馈与信心。当你练习创造小东西时，尝试精炼你的显化能力，得到与你的想象一模一样或更好的东西,看看你能多么轻易快速地吸引事物。随着你的技巧提升,你能吸引更大、更昂贵的东西,或者更挑战你相信你能拥有什么的信念。

当你磁化吸引事物时,会来到一个点,你感觉达到了———一种"对上"的感觉,或者你觉察能量已从顶峰开始下降。如此便表示磁化完成,可以停止运作了。如果你没有"对上"的感觉或不觉得更接近拥有它,继续磁化,直到你感觉能量改变为止。

你有能力知道磁化的效果。透过对过程的观察与觉知,以及成果的反馈,你的内在知晓会随着时间前进愈来愈清楚。当你练习时,有时候你会想多做几次,有时候一次就足够。

你们很多人用太多能量与力气去创造很小的成果。你可以学习利用少许能量去创造巨大的成果。创造任何想要的事物都有适当的能量值。例如,吸引一顿饭,通常不需要你花一天想着它与运作磁化吸引。学习感知你想要的事物需要多少能量,投入这样的能量就好,不要多。

我用能量来创造，好事总是轻易到临

如果你使出太多能量，会感觉有压力。如果你必须不断提醒自己想着你要的事物并运作能量，或者运作磁力对你而言很勉强，你投入许多能量却成果微薄，甚至没有成果，这些都表示你设定的磁力太强。如果你必须花费很多力气，可能你是在对抗更高道途的能量流。当你想起一件事便能感受它的到临，你用的是恰当的能量。如果你花的能量太少，事情不会发生或者需要很长的时间显化。你会知道你用的能量是否太少，因为它会感觉起来很遥远，像是一个心愿而非确定的事。

在你磁化吸引能量比你现有的更大的事物之前，要学习与它的能量调和。例如，你想吸引一笔庞大的财富，你要有所预备，知道如何存放它，如何使用它，以及它如何帮助你的生活。想象拥有它的感觉，处理任何关于接受这笔钱的疑虑。在你磁化任何比你现有的事物更加巨大的事物之前，试试"穿上"它的能量。想象你已经拥有它，观察你的生活会因它而有什么不同。你可以学习调和与熟悉你想拥有的事物,如此你会更能磁化吸引它们。

有一个很好的方法可以帮助你调和一件比你现有的能量更大的事物,那就是扩大你的要求。如果你要求一笔金钱,它超过你现有的经验,你可以尝试"穿上"更大一笔钱。继续尝试更高的金额。你会发现,当金额增加了,你感觉与思考的方式会改变。某些金额的能量让你感觉舒服,再高一些可能就难受了。然而当你尝试"穿上"更大的金额,你会发现之前你感到不舒服的金额,可能变得舒服了。只磁化吸引你感觉舒服与可能的事物。

你对于财富或任何事物的能量感觉愈舒服,它会来得愈容易。仔细观察你对自己的观感如何改变?你的感觉与生活方式会有何不同?这么做会带出所有隐藏的恐惧,例如"拥有这一样事物要承担的责任太大"或"我若有钱就得烦恼税务与账目"或"人们会觊觎我的财富"等。当你处理完这些疑虑,你对想要的事物会更有磁性吸力。

在你一开始做这些练习时,或许不一定会有结果,显化的时间也非你能掌握。然而最后这些步骤会变得很自然,你需要的磁化工作也会愈来愈少。在你感觉愉快与有趣的时候做那些练习。运作磁化吸引你想要的事物，你可以想做就做，多少次都可以，一次几分钟到半小时都行。当你熟悉某个程度的磁化能力之后，对于超越你的磁化能力才能产生的结果以及那些你认为很难在你的生命中出现的事而言，你还是得努力才能吸引。

一旦你熟悉某一种类型的创造，未来通常只要你动个念头，它就准备实现了。如果你向来能轻易显化的事，后来发现它的能量不再流动或减弱，或吸引它太费力气，那就是你要仔细检视你的道路的时候了。留心那些带来新方向的内在低语。

萨娜娅和杜恩：

以下的练习你可以自己做，也可以与伙伴或团体一起做。你若单独练习，可以先录下磁化过程的步骤放给自己听。你若有伙伴，可以请伙伴为你引导。如果你是与一群人一起练习，可指定一人为引导者，为团体引导这些步骤。你可以用第一章的练习来达到放松状态，在做以下的磁化练习时，确实保持放松、专注与平静。你可以写下你要求的事物，并在它到临时认出它。

◎ 练习：一般的磁化过程

你可以利用这个练习，学习运用能量与磁性去创造你想要的东西，它可以是很大或很小的东西、一笔钱或是你想要的本质。

◎ 准备：

选一件你想要的事物。重要的是你相信拥有它是可能的，你对它的想法很正面，很想得到它。详述它带给你的更高品质，当你磁化吸引它时，想象这个品质，同时吸引这样事物带给你的本质、你想要的具体形式或数量。发挥想象力看看你是否能要求得更多。如果你不知道它的具体形式，可以用一个象征代表它并吸引那个象征。现在，想想你要的是什么。你可以用第三章后面的游戏清单，来帮助你厘清你想要什么。

找一个你能放松思考的地方，给自己几分钟不受干扰的时间，用第一章后面的练习来放松与预备自己。记得，磁力的感受很重要。运作"线圈"的意象，因为它最能让人有磁场的感觉。当你达到这种感觉，未来你可以用任何画面或想法帮助你重建这种感觉。磁化时，把玩你的感受与画面，保持创意与创新，如此会带来最好的成果。

如果观想线圈对你而言有困难，那么信任任何浮现你心中的意象就是最完美的。不要在乎你的线圈是否做得完美无误，即使什么都看不到也无妨，重要的是磁场建立的感觉。这个练习用的是你的想象力，没有做对或做错或观想的线圈是否正确的问题，你最有感觉的意象就能为你创造最大的效益。重要的是当你想着你想要的事物时，你感觉对它具有磁性吸力，感觉你会拥有它。

没有规定要磁化吸引它的频率，你可以只做一次，或者想到就运作一下。如果你感觉勉强或费力，就不妨暂停。当你完成这个能量工作,你会需要依照指引采取行动,然而请保持耐心,因为不一定会有行动指引。信任你要求的事物会以完美的方式,在完美的时机,以完美的形式到临。

◎ 步骤

1. 想着你想吸引的事物,详述它的细节、功能与特性,它们是你想要的本质。

2. 观想或感觉它,尽可能鲜明地想象。想象你收到它的情景,活出拥有它时的美妙感受。你可以用第一章的放松练习,提高你的观想能力。如果你无法清楚观想它,就请你尽量想象你得到它的感受。或用象征代表它并吸引那个象征。每一次用相同的画面或象征去吸引你要的事物。

3. 想象你的内在有一个产生能量的动力源头。想象一个线圈从你的太阳神经丛开始向外、向上扩展。来自源头的动力开始在线圈里循环。许多人认为这个动力来自他们的内在,或更高的源头——神/女神,临在或一切万有,你可以用你觉得适当的源头。想象磁力线圈开始旋转。你若看不见线圈也无妨,感觉有磁力产生就够了。

4. 想着你的目标,调整线圈的大小产生适当的吸引磁场。注意你的线圈有多大?像你的身体一样大或更大、更小些?你需要导入多少动力才能吸引它?用想象调整线圈的大小、形状与密集度,直到你的感觉对了。如此你开始产生一个环绕你的磁场,为你吸引你想要的事物,如同磁石吸引铁质一般。

5. 当你吸引时,评估你要从哪里将它带进你的能量场,它也许会从你的某个身体部位进来。你可以想象一条能量管从你的心、喉咙或头部延伸出去联结那件事物,把它吸引过来;也可以想象它直接落入你的双手或想象它的能量充满你的身体,你感觉非常舒服。例如,获得一大笔钱可能会影响你的许多人生领域,因此吸引它时,你会想要它充满你的身体而非只从一个特定部位进来。

6. 建立线圈的磁性能量后,你可以想象在拥有它之前可能会发生哪些事。你会经过必要的步骤或事件得到它,而你可以控制这些步骤与事件的发生速度,例如一天一件、两件或五十件。透过感觉或观想事情的步骤与过程,你可以调整时间这个元素,加快或减缓它,直到你感觉速度恰当。如果你吸引这一件事物或财富的速度过快,你可能会感受某种紧张或压力。会有一种对你而言最适合的改变速度。

7. 观察你的姿势与呼吸,注意你能够精巧地调整姿势与呼吸来增强你的磁性吸力。

8. 继续把能量导入磁力线圈,直到你感觉能量完成,有一种对上或该停止的感觉。或许你发现能量开始消退,而你对得到那一件事物有了一种笃定的感受,此时便可以停止运作。你会注意到能量的建立、盈满与消退。如果你感觉很好,继续运作,时间长短不拘。当你开始感到勉强、紧绷或受到阻碍,停下来,因为表示能量已经足够。你可以探索什么是吸引这件事物需要投入的适当能量。

9. 在心中询问你的内在,你需要多久运作线圈一次。

10. 慢慢离开这种意识状态,伸展身体。在未来几天,注意你对于这样事物与得到它的方法有些什么新的洞见与想法。

◎ 自我评量

持续练习直到你能感觉、看见、觉知、想象或体验到线圈与你送出的能量。如果你感觉能量建立之后消退，或有对上或完成的感觉，或你感觉上升的能量开始下降，就表示你已经开始带进你吸引的事物。当你对吸引小东西感觉自在，你可以用这个练习吸引挑战更大的事物。你也许发现每一次线圈的大小都不同。有时候线圈与循环其中的能量很小，有时候你需要更大的线圈与能量。有时候运作线圈的时间很长，会超过一分钟或更久，有时候几秒就够了。要记得，对你想要的事物保持正面思考并对于收到它保持超然，即使它不以你期待的形式出现也无妨，臣服于出现的结果，把它当作最恰当的安排。

◎ 练习：磁化吸引你不认识的对象

这个练习最好用来吸引那些你不认识的人，例如有潜力的员工、雇主、技工以及其他与工作有关的人（这个练习并非为吸引伴侣或亲密关系而设计。如果要吸引前述对象，建议你运用《灵魂之爱》书中的步骤）。

◎ **准备**

找一个几分钟不受干扰的地方放松与思考，利用第一章的练习预备并放松自己。

◎ **步骤**

1. 想象你要吸引的人，具体描述他有哪些理想的特质，不要遗漏。他需要具备什么样的态度、技能与知识？你们的互动如何？尽可能翔实完整。

2. 想象一个你与他互动的场景，感觉你们彼此之间的好感。

3. 想象你的心脏附近有一个产生能量的动力来源，观想线圈的环形回路从你的心脏向外、向上扩展出去。从你的动力来源把能量导入线圈，感觉能量在其中循环。在你感觉舒服的情况下，开始让线圈旋转，方向不拘，调整适当的大小，直到你感觉有磁力产生。即使你看不见线圈也无妨。

4. 当你感觉能量在线圈中循环，放下任何"需求感"。你可以出于需要而吸引，但如此会消减你的效果。保持超然与臣服，最适当的人会来到。明白你无法强迫任何人违背自由意志去做任何事，你能吸引一个人，是因为这么做符合你们双方的更高益处。

5. 当你磁化线圈并将能量从你的心发送出去，想着你心中描绘的理想人选，想象你用心电感应联结他，想象你可以与他的内在说话，对他将带给你的好事表示感谢，告诉他你会为他的生命带来许多美好。

6. 把能量导入线圈时，让它符合你需要的大小，把爱加进线圈的能量里，如此送出你欢迎的邀请。你送出的爱愈多，你的磁力愈大。想象你看着他的内在或注视他的眼睛，感觉你们心连心产生的磁力，请求你们的联结为彼此创造最高的益处。

7.感觉他进入你的能量场,仿佛他从梦中走进你的生活,直到你感觉他就在你的眼前,感谢他提供给你的协助。

8.观察你的姿势与呼吸,注意只要稍做调整,你就能感觉磁力变强。

9.持续磁化、送出爱,吸引这个人,直到你感觉对了或完成为止。有时候你会立即有连上的感觉,仿佛他已经出现。另一些时候你可能会感觉空虚,什么也没有,这表示你要再检视这个你希望的人,也许时机不对或你必须把事情再彻底地想清楚一些。通常,当你联结上你要的人,感觉会很强烈,很容易辨识。

10.在心中询问你的内在,需要多久做一次才能吸引他出现。

11.慢慢离开这个意识状态,伸展身体。在未来数天中,注意是否有关于这个人与如何与他联系的洞见出现。

◎ **自我评量**

要准确地吸引适当的人选,你必须练习并有意愿相信自己值得接受人们的服务。继续练习它直到你能感觉、看见、觉知或体验到你送出的爱的能量。如果你感觉能量建立后消退,或感觉完成或对上了,那么你便已联系并开始吸引这个人选的过程了。

有位女士想用这个练习吸引帮忙她处理杂务与家务的人,却总是吸引来需要她照顾的人。后来她领悟到这源自她不相信自己值得被别人服务。于是她处理了这个信念,肯定自己值得获得美好的协助。很快地,她就吸引了一位很棒的女士来协助她,直到现在。记得,你所吸引的人是你的镜子。如果你总是太操劳而无法遵从更高的道途,你很可能会吸引一个太累而做不好工作的人。你会发现你吸引的人有某种模式。例如,如果你经常吸引对你态度不佳的技术员,你可能也不太尊重自己,他们只是为你反射你的模式。改变你的内在模式,然后再运用这个练习吸引你想联结的人。

◎ 练习：磁化吸引一群人

你可以用这个练习来吸引客户、企划伙伴、喜欢你的创意工作的人、喜欢你的课程的学生和你能服务或提供协助的人。

◎ 准备

找一个几分钟不受干扰的地方放松与思考，利用第一章的练习预备并放松自己。这个练习还会运用到前面两个练习的意象与技巧，因此你须先完成前面两个练习之后再做。

◎ 步骤

1.想着你想吸引的人，思考或写下他们的特质。他们会对什么有兴趣？你要如何服务他们？当你想到他们的感觉如何？你想与他们维持什么样的互动关系？尽量精确而完整。

2.想象你与他们互动的场景，感受你们之间互动的美好。

3.从你的心产生一个线圈。让它像你的身体一样大，然后把它调整到适当的大小。想象你的心像一轮美丽灿烂的太阳，充满磁性，你散发强大的磁性吸力。想象你从你的心发出召唤，呼请和吸引那些你能帮助的人。当你致力于服务或帮助别人，你会变得具有磁性。要求吸引珍惜与尊重你的工作的人，因为一个尊重你的人胜过三个不尊重你的人。不要把焦点放在人们能给你什么或你能从他们那里得到什么好处，因为想这些会让你不具备磁性吸力。把注意力放在你的服务能为他们带来什么更高的益处，利用这个想法运作磁性吸力。

4.当你开始把能量与动力导入线圈时，放下你的需求感。保持超然与臣服，允许那些受惠于你的工作与受它吸引的人到来。明白你无法强迫人们违背自由意志，你只能吸引那些因你的工作而得到更高益处的人。

5. 当你从你的心发出磁力，想着刚才你描述的那些人，感谢他们给你服务的机会。想象你的磁性吸力向外延伸到你所住的城市、州省、国家或全世界。

6. 想象当人们与你联结时就像灯泡被点亮了一般。你看见数百个，然后数千个灯泡在你周围被点亮，想象光芒穿梭在你与所有的人之间。感觉如何？发挥创意鲜活地想着你的愿景。例如，你希望更多人来找你服务，想象你一周增加十个新客户的感觉为何？感受他们的能量，让它成为你的实相的一部分。一周有十个新客户会让你的生活产生什么变化？现在想象你一周增加二十五位新客户的样子。

7. 继续想象你联结的人愈来愈多，想象一周增加五十、一百甚至更多新客户来消费或接受你的服务。

8. 当你与愈来愈多人联结，感觉你将面临的生活改变，调整内在画面，让你能舒服地包容这些人。如果刚开始感觉不舒服，试着用不同的方式想象，直到你感觉自在为止。你愈能轻松地想象它，愈能轻易地将它显化成真。要求你需要的生活形态、商业架构与协助，好让你能在工作上与这么多人联结。

9.观察你的姿势与呼吸,注意你稍微调整,便能增强你的磁性吸力。

10.在你感觉最舒服的时候停下来。明白每个层次都有适当的设定,能为你吸引你能接受并感觉愉快的人数。

11.询问你的内在,你需要多久做一次磁化吸引。

12.慢慢离开这个意识状态,伸展你的身体。在未来数天里,留意是否有关于这些人以及如何接触他们的洞见出现。

◎ 自我评量

注意当你想象要与多少人联结时,你开始无法想象?观想你与略低于那个数量的人联结,尽可能感觉愉快、轻易、放松。当你准备好了便可以再增加人数。在你学会对一群人感到舒服时,你会有需要改变能量,好让你把这些人带进你的生命。

◎ 练习：集体磁化

最有力量的磁化方式之一，是与人们聚集在一起，送能量给每一个人，帮助他创造他想要的事物。团体能量可以大幅放大创造的能力，显化财富、物件、事件与形式。持有共同想法的团体，会比个人更有力量将这些想法显化为实相。

◎ 准备

你可以在任何地点做这个练习，包括公共场所，如餐厅等。开始前选一个人带领练习，他的角色是掌握流程与步调并协助成员明白他们想要什么。

◎ 步骤

1. 带领者向成员解释以下流程：每个人要求一件事，

然后整个团体协助他磁化这件事。完成后，若时间许可，请自愿分享的成员做简短的评论。

2.带领者请全体成员安静下来，每一个人想出一件想要求的事。当团体准备好，带领者挑选一个人开始。

3.每个人轮流说明希望团体协助磁化吸引的事物，带领者协助要求者厘清内容，并维持团体步调的流畅稳定。成功的结果，往往来自那些要求者感觉可能的具体事物。例如，要求财富的人要具体说明月收入的金额。

4.如果要求不明确，例如有人想要"快乐"，带领者就要进一步询问要求者，如何知道自己快不快乐，这将帮助他辨识事物的来临。如果有人要求的不是容易想象或清楚表达的事物，可以用象征替代，让所有的人专注于这个象征。带领者要帮忙团体的成员简要地叙述并保持专注，如果有人说话太冗长，可能会让团体的能量溃散。

5.当轮到的要求者说完目标之后，所有的人闭上眼睛送能量给他。要求者在接收团体能量时，想着拥有想要的事物或财富时会如何为自己与人们带来更高益处。当能量被送给要求者时，这个人要想着他要求的本质，并感觉爱、宁静、活力与喜悦等较高的品质，这是他得偿所愿时会带来的品质。当能量被送给要求者时，他要创造一种磁性吸引的感觉或状态，用前面内容所讲述的线圈或此时浮现的其他意象把要求的事物吸引过来。

6. 整个团体送出的能量将协助要求者放大磁性，吸引他专注的任何目标。有无数方式可以送出能量，发挥想象力，只要感觉很好就可以。带着游戏的心情想象那个画面。如果团体是首次做这个练习，带领者可以解释接收能量只需要很短的时间。带领者要监控发送的能量。通常只要三到五秒钟就会达到能量的顶峰而开始下降。此时带领者可以用"谢谢大家"来结束发送。

7. 通常发送能量之后，大家会热烈讨论看见的意象与收到的洞见。时间若允许，可以在每位要求者接收能量后让大家简短分享，也可以在磁化团体的所有的要求之后，再让大家一起分享。带领者需掌握人们回馈的时间，维持整体的高能量与流畅的节奏。

8. 一位要求者完成磁化，带领者便请下一位说出要求。只要喜欢，团体磁化可以进行好几轮，然而带领者要确定每一次循环开始的能量都很高。

◎ 自我评量

集体显化时会产生大量能量,这些能量可以贡献给全体人类与动物、植物、矿物王国或整个宇宙。安静地坐下,一起想象剩余的能量送出给这些王国,为它们带来益处。你送出的能量愈多,回来的能量就愈大。

第二部分

预备致富

第五章
遵循你的内在指引

　　学会聆听内在的指引。当你运作能量磁化吸引你想要的事物，你的内在指引将以最简明快速的方式引导你得到它。当你依从内在指引采取行动，你是顺应你的自然能量，它是那股毫不费力的自在之流，能引领你到达你所要求的一切。内在指引来自你的内在，它以感觉、洞见与内在知晓与你交流。内在指引从你的感官无从觉察的来源带给你讯息。当你安静下来聆听你的想法与感觉，你便进入更广阔的资讯范畴，它并非一般的想法所能企及。

　　当你渴望一件事物的想法进入宇宙，你的内在会俯瞰你的过去、现在与未来，为你创造必要的联结与情境，让你拥有你想要的。它会找到最好的方式把它们带给你，为你吸引特定的人物、事件与机会，让你遇见能帮助你的人与因认识你而受惠的人，因为宇宙为全体生命的更大益处而工作。感觉是行动的信号。你保持主动自发、遵循内在冲动与直觉，以及依从强烈的感觉行动的意愿，将引领你到达你的目标。

我信任并遵循我的内在指引

内在指引引导你到达你的更高益处。你的挑战之一是学习分辨内在指引与虚妄恐惧的想法。如果遵循内在的冲动让你欢欣愉快，它约略来自你的内在指引；如果你希望的结果好得不像是真的，或你怀疑你是在痴心妄想，那么它就不是一个内在指引。尊重你的内在感知并花时间仔细检视。问自己："这是真的指引吗？它感觉正确而美好吗？或只是我的期待？"

正因为你的内在是透过你的感觉与想法对你说话，你对它们愈觉察，就愈容易听见与开发你的内在指引。如果你在某个情境中出现不寻常的感觉与想法，留意它们。当你依照内在讯息采取行动并获得反馈，你便是在开发你的内在指引。

举例而言，你准备好要去一家店面，但是突然有一种感觉或想法出现，要你先打电话询问它是否营业。通常你想去就去了，不会这样。于是你打电话去确认，结果发现那家店面因为重新整修而暂停营业。当你养成习惯，留意感觉与想法并依循它们采取行动，要分辨它是否为内在指引便很容易。

为了让显化轻易发生，甚至在你还不知道你有那个需求之前就实现，你必须依从你的感觉与内在讯息。你可以从一些小地方做起，例如，当你想拒绝就说"不"，当你说想接受，就说"是"。一天之中经常问自己："这是我想做的事吗？这是最光明喜悦的活动吗？还是我认为应该做而做的呢？"信任喜悦、愉快与爱自己的感觉永远引领你到更高的益处。

内在指引有许多种，其中一种是对于你想采取的行动而出现的负面感受，甚至警告。另一种则是为你带来选择未来道路或方向的洞见。还有一种协助你在对的时间出现在对的地方，为你创造必要的共时性事件或巧合，用最轻易的方式把你送到你要去的地方。

警告性的内在指引通常透过情绪而来，会让你感觉焦躁不安或胃部不舒服。你也许决定要采取一个行动，然而想到它你就感觉紧绷与焦虑，那么注意，也许行动的时机并不恰当。要开发这类指引的觉知，你必须了解你平时的感觉，并留意那些不寻常的焦虑与紧张。你的挑战是要学会分辨你正常的害怕反应与以情绪出现的内在指引，有什么不同。

我花时间静默自省，聆听内在的指引

有关未来道途或方向的内在指引，通常在你静默自省，做那些离开普通知觉的活动时出现。这类的指引可能以想法、感觉、画面或白日梦为你显现你想做的事。每一次你安静下来，它都可能继续发展并给你更多的资讯。给自己更多安静的时间，放松身体，思考生活，你便能发掘这类的指引。从事创作或运动也可以触发这类的直觉，在你画画、演奏乐器或创作音乐、慢跑、游泳时，可能会突然收到难以想象的洞见。你要依此采取行动，你若不断忽视这些指引而不去行动，有可能会愈来愈难听见或难以认出这类与未来相关的指引。

当你收到一个点子,不要过度分析它,不要问:"这个想法会开创一条新路、让我获益或支持我后半辈子的生活吗?"想法就像种子,它们出现时你不会知道它们会长成什么模样。只要继续跟随你的快乐冲动,你的点子就会开展,成为对你最好的外在形式。

我总是处于天时地利之中

那些让你在对的时间出现在对的地方的内在指引,来自你明白你的一般想法并留心那些特别的想法。举个例子,你通常经过特定路线开车上班,有一天,你想走不同的路。之前也有过这种念头,但这一天多了一种急迫感。于是你换了一条新路走,而你在广播中听见那条你平常走的路正在大塞车。那些来自更高指引的想法和一般的想法之间,有一种细微品质或感觉的差异,你可以依此行动并观察结果,学习分辨这类的内在指引。

再举一个例子,你想买一样东西,但遍寻不着,你花了好几天打电话、上网、逛街，都徒劳无功。有一天你心中浮现一家店，它虽然不是你平常会光顾的店，但你感觉就是想去。你注意到这种不寻常的冲动，于是你去了。结果发现这家店刚刚进了这样东西，因此你买到了它。回顾一下你就会明白，你在没有收到任何冲动或画面时就去逛了先前的那些店，你这么做是"希望"那里有你要的东西，而忽略了你的感觉或画面并没有引导你去那些地方。

有时候最好等待而非采取行动，直到你收到行动的感觉、想法或画面。等待行动的指引，能让你免除不必要的工作，帮助你处于天时地利之中，轻松而不费力地创造你想要的事物。

想一件你想要的东西，有任何能让你得到它的行动出现在你心中吗？也许是一件很简单的事，像是拨一通电话，去某家店，或上网逛逛。你会愿意照做吗？决定一个去做的时间。如果没有指引，要愿意等待，依循你的喜悦而动。比平常更加留意你心中与它有关的想法，如此当行动的画面出现，你会觉察。给自己一点时间，每一次想到它，就保持静默，注意有什么提醒你采取行动的画面出现。

真正的直觉指引，来自内在的冲动，会直接间接与你熟悉的事物相关。这些冲动会同时带给你点子与执行动力。如果你突然有一股冲动去做一件你完全没有概念的事，或需要几个月才能做好它，然而你并没有时间，那么它可能只是一个突发奇想而非内在的指引。内在指引所驱策的行动，会合乎你的逻辑，是你的下一步，或是以你现有的知识就能执行的步骤。有时候你会有股冲动想得到一些新的资讯，接着，基于它的行动指引就会出现。真正的内在指引会伴随执行所需的热情、能量与资源。这种指示很少会让你感到仓促，你会有足够的时间用舒服的步调实现它。

有一种开发与聆听内在指引的方式，是回顾过去的成功。问自己："是什么感觉与想法让我决定采取行动？"想一件很好的采购经验，你还记得买它的感觉吗？也许你有犹豫不决的时候，却好像有一种内在知晓引导着你。如果你回顾过去，观察你决定把钱花在某件无用的事物，或许你还记得当时的内在感觉，那是与你买到喜爱的东西相当不同的。

假使有让你不乐见的情况发生，不妨回顾与检视那个时候有什么感觉或想法,要引导你去其他的方向。你总是不断地收到内在的指引,告诉你如何以最简单而喜悦的方式得到你想要的结果。对这类的指引保持警觉,培养行动前密切注意想法与感觉的习惯。你要先熟悉你的一般想法与感受,才有能力分辨那些细微的变化。如此,你对于那些你总是在接收的指引,才能保持更大的警醒与知觉。

我遵循最高的喜悦而行

无论何时,当你对继续做一件事感到沉重、抗拒或勉强,表示你没有遵循最高的途径。当你遵循更高的道途,你的内在会以让你感到喜悦对你说话,反之,你会感到沉重与抗拒。如果你强迫自己按照"应办事项"去做事,你并没有聆听你的存在的更深的部分。你的内在很少说:"你必须做这个,你必须做那个……"灵魂说的是:"这不是很愉快吗?这没有带给你更大的快乐吗?你不是很喜欢多做这些事吗?"

你们都有过一种经验:莫名地抗拒某个行动,后来才发现它是不需要或不恰当的。你可能有一个计划要执行，但你就是不想开始。顺应内在的指引与喜悦感受，你决定暂时放下它而做其他的事，不久之后你收到通知说情况有变，原先的计划已经不需要或必须采取不同的行动。如果你勉强自己执行计划，你可能做了白工，必须重新来过。

把你告诉自己应该做的事暂时放下，问自己喜欢什么。透过遵循你的内在指引与喜悦感受，你会省下许多不必要的工作。

我在我做的每一件事中尊重自己

有些抗拒可能是自我妨碍，它来自感觉你不值得拥有得更多。如果你心中明白，健康的饮食、运动、处理问题或其他行动对你真的是有益的，但你却很抗拒，你可能需要学习更尊重自己。与其立刻面对那个较大的议题，不如从采取一些尊重自己的小行动开始。想几件你喜欢与感觉滋养、奢侈的事，也许是泡个澡、在屋里插一盆鲜花，或每天给自己半小时独处的时间。

花时间滋养自己，这是给潜意识的一个讯息，表示你是个有价值的人，值得达成你的目标。如果你能用一些比较小的步骤去建立你的价值，会让你更容易达成那些荣耀你的大成就。当你培养尊重你更深的需要与感觉的习惯，你会更容易遵循那些浮现的内在指引。

有时候你的内在指引会说："我要整天工作，完成手边的事感觉真好。"然而内在指引并不总是引导你得到立即的满足，通常它追求的是长期的内在成就与满意的感受。内在指引会用很多方式对你说话，但它多半是爱自己的感觉，以及对自己做的事感觉良好。

如果你勉强自己，例如为责任义务而工作或感觉你必须这么做而花钱，那么你并没有聆听你的内在指引。如果你有一个强迫你做你讨厌的事的工作，去看看更大的画面，你为什么让自己停留在一个不允许你做喜欢的事的工作上？如果你爱你的大部分的工作内容，只是不喜欢其中少数的职掌，那么重新检视这些地方。或许你可以发现更好的方式、流程、不同的工作分配，或你的家人、孩子、朋友可以帮忙。注意你的负面感受，它们有讯息要给你，告诉你情况如何能变得更好。

在工作上花很长的时间做不愉快的事,是对自己的不尊重。如果你做的是你感觉愉快的事,你会发现没有必要逼自己因为赚钱而勉强做不喜欢的工作。你可能会发现做喜欢的事,长期下来比做不喜欢的事,能让你赚更多的钱。

当你做事的时候,愈感觉喜悦并顺随你的冲动、直觉与更高愿景,你会愈容易与愈快得到你想要的一切。当你遵循更高的道途,你会发现每一件事都奇迹般地轻易顺畅。这不表示你不再面临挑战,你的挑战是为了帮助你获得力量与自信。

追随你的喜悦、快乐与自爱的感觉,你会梦想成真。

◎ 练习:向上联结更高的力量

这个练习不需要经常做。当你想与你的内在指引,或是人类的进化之流,或是宇宙的更高力量有更大的联结时,再做。每当你做这个练习,你就向上建构了一条光之桥。在你磁化吸引一件大的事物或做一件代表你的大步跃升的事情之前做它，会大幅增加你吸引它的力量。

◎ 准备：

找一段独处的时间。这个练习只需要几分钟，你可以在任何想要的时候重复它。

◎ 步骤：

1. 闭上眼睛，想象你向上建立一条联结更高实相的光之桥。想象一道光从你的头顶向上射出，直到你能到达的最高的地方。

2. 想象你联结全体生命的源头，汲取它的光与能量，直到你的每一个细胞都闪闪发光。

3. 想象你的心像高山湖泊一般清澈，你的每一个细胞都清晰映照更高的实相。想象你现在的每一个想法,你的大脑的每一个细胞,都与一切万有相连。当你想象这个联结,你就创造它为真。

4. 想象你把你的意志对准了更高意志。想象一道光从你的太阳神经丛发出,它在你的肚脐上方,联结步骤2里提到的生命源头。

5. 想象这个源头的能量像一个金色的大光球,从你的头顶上方六英寸高的地方,慢慢向下穿过你的身体,让它所携带的更高次元的光,调节你的身体能量。想象它继续向下移动,直到你站在它的上方。想象它的光与能量从你的脚底向上穿透你的全身。然后把它向上带,通过你的身体,回到头顶上方六英寸的地方。

6. 想象你的内在是一个闪耀的光球或一道沁凉的蓝色火焰,或任何出现在你眼前的样子。你可能看不见或感受不到它,那也无妨。想象它灿烂的光愈来愈亮、愈来愈大,直到你充满了能量。要求你的内在与你有更深沉、更有意识的联结。感觉它完成之后与你道别。你的内在总是一听见你的诚挚请求,就开始帮助你与它的指引与教导有更强大的联结,并让你明白你与它并无分离。

7.现在把注意力放在你的头顶,想象你有一个天线。这个能量中心是你与高次元的心电感应交流的地方。当你专注并想象你建立这个联结,你便能收听任何你想要的广播。其中有一道广播的是人类最高的进化道途,你可以把天线对准这个广播,如此你的行动将对准人类的进化之流,你的显化将更符合你与人们的更高目的。

8.当你准备好了,你可以睁开眼睛,享受这个你与高次元的联结。

◎ 自我评量

做这个练习时,你不妨发挥丰富的想象力,创造新的画面与意象来强化你与高次元的联结。当你想象这个联结,你便创造它为你的实相。我们设计了很多意象与画面来帮助你体验更高的能量与你的内在,重要是你自己的体验,而非这些意象。当你感受到这个联结时,你可以用任何你想要的方式重建它,用任何意象、想法与画面帮助你达到它。

第六章
允许自己成功

在磁化吸引与顺随内在指引之后,你会想允许成功进入你的生命,让你能收到你要求的事物。掌握显化的技巧还包括学习做出最光明的选择与决定,并踏上更高的道途。当你选择最光明的道路,也就选择了最高层次的成功。透过选择与决定,你创造你经验的实相。

今天你拥有的与你所在的地方,都是你过去的决定与选择的结果。在被动与无意识的情况下,你做出许多选择,它们基于你过去的程式,而非出于新的、不受限的思想。你可以从现在起,做出更有意识与觉醒的选择。承认过往选择的结果造就今日的你,并了解在每一个当下,你都真实不虚地创造你的实相。如果你对目前创造的实相感到不快乐,你可以学习做不同的选择,并改变你的生活,让它带给你喜悦、活力或你想要的一切。

我总是选择最光明的途径而行

许多选择的差别很细微,但通常每一个选择都有另一个替代的选择,携带更多的光,能引领你走上更高的道路,协助你更清楚地展现你的本质。选择较高的道途,能加速你的成长、活力与丰盛。重要的是去培养能力分辨并选择最光明的道路,为生活创造富足。

有一位长期投入设计珠宝饰品的女士,决定扩大市场,她想把作品放在全国性的商店里贩售。她用神秘学符号制作了许多饰品,希望能推广到一些想佩戴图腾并得到疗愈的人身边。她请朋友帮忙铺货,只是每一次朝这个方向进行,事情似乎就变得很困难,而她也心不在焉,因为那需要她欠缺的资金与能力,也让她没有时间制作新的饰品。碍于这条路似乎并不喜悦,于是她放弃继续走下去,并请求内在指引告诉她一条更好的路。她收到一个点子——去问问店家如何购买其他人的饰品。结果她发现一个现成的铺货系统,有很多业务员都表示乐于处理她的饰品。下定决心选择支持自己喜欢做的事,她发现了那条最高的道路。

当你必须做选择,但似乎最高的选择并不明显时,问自己一些问题。如果所有的选择都不错,你可以问自己:"哪一个决定让我最喜悦?最能召唤我的心,最像我爱做的事?"挑选那个最喜悦的选择。即使那条喜悦的道路看起来不赚钱,长期下来,它会比不喜悦的选择为你带来更多获利。别用看起来能赚多少钱作为选择的依据,追随心的道路永远会带给你更大的丰盛。

如果所有的选择都很喜悦,你可以问:"哪一个选择最合理、最实际?"你的最高道路必然是务实的。如果此时这些选择仍然差不多,再问:"哪一个选择对人类贡献最大,让我有最大的服务机会?"如果选择看起来依然旗鼓相当,想想你要在生活中创造的更高品质,例如安好、爱、活力……哪一个选择让你更能完全地表达这些品质?

聪明的做法是,别让自己处于无法仔细思考就得立即决定的紧急情况。如果你必须在很短的时间做出决定,可以想象你把一个选择放在右手,另一个放左手,要求握有较高选择的手自动升起。

我用真诚的态度做每一件事

能量的纯净与完整非常重要,因为你的真诚会引导你创造与你最深层的存在和谐的事物,带领你遇见丰盛繁荣的选择与境遇。你会知道什么时候自己诚正无欺,什么时候不是。如果你感觉你在妥协你的理想,例如为了赚钱而做你感觉不舒服的事,那么你便没有遵守诚正的原则。尊重自己的真诚,回报给你的会是倍增的丰盛繁荣。

重要的是对你所做的每一件事感觉良好,依照你的价值观行动,诚实地对待与你往来的人,发自真心地作为。你的真诚挑战你看见什么对你而言是真的,是重要的,如此你能做出超越幻象、承诺与他人欲望的选择。

从你最高的理想出发,依循你自己的智慧而非人们的,以感觉光荣与正确的方式做事,尊重与你往来的每一个人,把你做的每一件事带进内在的光中。你的能量与存在,是你送给世界的礼物。你的能量愈清净流畅,你能给人们的就愈多。发自真诚创造出来的财富是光的财富,将为你与人们带来好处。

我是个成功的人,我允许自己感觉成功

为了加快你对丰盛技巧的掌握,你要认出你是多么成功的人——你创造你想要的事物,尊重你的真诚,做出好的选择。从你知道你能做的事当作基础起步,感谢并爱此刻你的力量与眼界。花时间告诉自己你就是个成功的人。你可以立即感觉成功,不需你达成什么目标才能有此感觉,你可以认出这一刻在你的生活中进行的所有好事。

成功来自当下感觉成功,而不是哪一天你达成了什么目标或得到什么东西才会有的感觉。不要认为大笔财富会为你创造那种感觉,拥有大量财富的人很少感觉成功,除非他们已经学会欣赏自己,并从内在感觉成功。

与其用有形的具体条件来代表你心中的成功,像是你在银行的存款有多少、住哪一型的房子、开哪一款车,不如扩大你对成功的定义,把你的内在目的也放进来。真正的成

功是拥有适量的财富、转化老旧的习性或负面的信念、释放恐惧、做你喜爱做的事,以及培养与认出你特有的才华。

从更高观点来看,成功是创造你需要的事物、为社会做贡献、自爱爱人、自重亦尊重他人,它是你源自所有经验的成长与学习。别用人们的富有程度来判定他们是否成功,要从他们的生活品质与幸福来看。当你把焦点放在成功的更高品质,你会了解,对内在而言,你早已获得许多成功,即使你尚未达到人格所设定的财务目标。

我经常恭喜庆贺自己

对大多数人而言,成功的本质是自爱、自尊或自我价值感。看看你能否捕捉那些感觉,然后对自己说:"我是个成功的人。"感觉如何?你能捕捉那个片刻的感觉,然后把那份感觉扩展到你的全身吗?认出你现在所有的成功。当你认出你在其他领域的成功,你会更容易看见自己在财富上的成功。身体是显化的工具,因为它创造出来的行动,能将你的想法与情绪变为外在形式。当你愈常把成功的感觉带进身体，这种感觉就会为你在人生的各个领域吸引进一步的成功。

欣赏你现在所在的地方。与其注意你还有多远的路要走，不如赞赏你已经走了多远。当你看着设定的长程目标，最好在路上定义一些小的，可辨识的步骤。那么，当你完成一个步骤，你可以告诉自己："恭喜呀！做得好，我已经走了这么远。"当你到达某个努力的目标后，在望向下一个目标之前，好好犒赏自己。有些人眼里总是下一座山头，没有时间欣赏自己已经登上的这座山。他们从未得到他们追寻的满足感。认出你的成功，它们将不断累加。

你过去是个成功的人，现在是，未来也是。想起一段过去的成功时光，忆起那些情境与感受。你愈能忆起过去的成功，就愈能创造未来的成功。想想过去你如何处理自己的事，看见在你所有选择背后那个更高的智慧。某些选择让你成长，某些选择让你改变生活，一切都是当时你知道的最佳选择。即使你不明白为什么你做了这样的选择，那些选择依然帮助了你。

当你从现在更睿智的你的角度向前回顾，你可以理解，当时你认为很坏的选择，教导你许多事，造就了今天的你。如果你不喜欢你的现况，了解你可以从现在开始做出新的选择，并开始改善你的境遇。

我原谅自己，我明白我已尽力做好一切

当你回顾过去，想道："我花钱很没智慧，如果买下那笔土地，现在我就会很有钱；或早知道就不该投资，害我损失惨重；真不该借钱给朋友，一定不可能要回来了……"原谅你自己，这些想法可能会阻碍你得到更大的丰盛。放掉那些令你失望的过去，那些画面如果浮现，不要把注意力放在上面。而是要想起你很有智慧地运用金钱、对获得的事物感到满意、投资报酬率很好，或借钱给朋友而能如期回收的时刻。当你原谅并爱你的过去，把焦点放在成功的事情上，你就改变了未来的道路。

花时间检视你的童年。你的父母如何花钱？他们会为自己买东西吗？他们享受金钱的乐趣吗？或者他们总是在温饱边缘挣扎？他们会自在地与你谈论他们赚多少钱吗？或

者金钱是个禁忌话题？他们如何为你花钱？他们重视你的愿望吗？你看得出你现在和金钱的关系与你的父母对待金钱的方式有关吗？他们会用花钱以及赚钱去买那些带给他们活力、快乐、安好与自我之爱的东西吗？

我允许自己拥有想要的一切

孩子习惯从父母那里接收东西，因此许多人以为宇宙给予的方式与他们的父母一样。如果你的父母慷慨大方，你会相信一个慷慨大方的宇宙。如果你的父母否决你要的东西，你可能现在仍会否决自己的愿望。你会表现得像是等待无形的父母或有主宰力的人，来决定你是否能拥有你想要的事物吗？你的宇宙像你的父母吗？做自己最适合的父母吧，允许自己拥有任何想要的一切。

你能为自己开创全新的个人史，把焦点放在成功与丰盛的时光，放下不好的陈年往事，那些对你想要的成功与丰盛没有帮助。这些你紧抓不放的过往意象，经常限制了你能为自己想象的未来，因而阻碍你显化你的更大的潜力。

要释放过去，听听你经常对自己与人们诉说的，关于你的童年与金钱的故事，你说的是你的丰盛还是匮乏？也许你经常提起那段衣食不足的时光，或是你的父母从未花钱买东西给你。

开始看看你用什么角度去陈述你的个人史，因为每一个你曾有的经验，都存在一个与它近乎相反的经验。你必然也享受过美味的餐点，得到渴望与对你而言具有价值的事物。

你想拥有什么样的财务史？开始为自己创造一份全新的历史。用拥有丰盛富足，拥有想要的东西的记忆重建你的童年。什么是你想告诉别人的童年？例如，你会想告诉人们："我的父母用钱很有智慧，我们家没有金钱的问题，我们从来不缺钱。"当你这么说，你大概会想起那些金钱不虞匮乏，金钱不是问题的时光。你经验过与金钱有关的许多元素，你体验过丰盛的感觉，即使时间很短；也许你得到过想要的漂亮玩具，收过额外的金钱礼物或比你要求的更好的事物。你愈能捕捉喜悦、热情与感激的感受，你愈能在未来吸引更多的好事。

爱你的成果也爱你的过程

◎ 游戏清单：允许自己成功

1. 想一件你渴望但尚未拥有的事物。

2. 想出现在的你比所有过去任何时候都靠近它的各种理由。

3. 花些时间体验成功的感受，你可以回想过去或现在的成功经验，或想象未来的成功，尽可能在身体与情绪上体验它。找到成功的姿势与呼吸，用这种方式呼吸一会儿。想出每一件现在进行顺利的事，大大恭喜庆贺自己。

4. 用强调一切美好的方式陈述自己的历史，是让你成功的方法之一。你可以独自或与朋友一起进行以下游戏。让答案在三分钟内浮现。当你用新的方式描述你的过去，它便成为你的新实相。

(a) 假装你有个指导天使陪伴你长大，你总是能得到神的指引，依此叙述你的个人史，回想两三个事件来说明它。

(b）从你很容易心想事成的角度来叙述你的成长史，也许想起有一次，你曾想要某样东西，然后它就出现了，你完全不费吹灰之力。

看看当你把焦点放在过去顺利的那些地方，感觉多么愉快。你愈能注意你过去拥有的丰盛，你愈能创造繁荣的未来。能量追随思想，你注意的地方都会增强与扩大。如果你把注意力放在过去的成功上，你会为自己创造一个成功而正面的未来。

第七章
转换你的信念

你的信念创造你的实相。信念是你对于实相本质的设想。也因为你创造你相信的事物,你会得到许多"证据",证明实相以你认为的方式运作。例如,一个相信宇宙丰盛的人,他的行为会让他以某种方式经验丰盛,反之,一个相信努力工作是获得金钱的唯一管道的人,就只能靠辛勤工作来赚取金钱。两者都有许多经验,证明他们对实相的信念是事实。你可以借由改变信念,进而改变你的体验。

当你磁化与运作能量吸引想要的事物之后,你的信念会影响事物到临的快慢与难易。要探究一个信念,检视你的一个过去或现在的生活境遇,它可以是你现在正在处理的问题、挑战或你正在创造的好事。问自己:"一个人要相信什么,才会创造这种情况?"如果有人缴不起账单,为了躲避银行催款，连电话都不敢接。他相信的实相是什么，才会陷入这种境遇？这个人也许不相信他值得拥有金钱，相信付账单是件苦差事，或相信生活大不易。

有一个普遍的信念是：当你有了钱，人们就不会真的爱你，他们会因为你的钱而爱你，而非因为你而爱你。你也许担心有钱之后会没有朋友。然而，除非你想被骗，你甚少会因为受骗而认为别人爱你。如果你担心人们因为你有钱而不能真心爱你，你可以经常在心中感觉你对人们的爱来疗愈自己。当你对人们付出爱，你会收到人们的爱。现在，人们爱你，并且你有钱。然而你心中是否有一个什么数目，是你认为当你有了那个金额的钱，人们便不会单纯地爱你呢？

我的信念创造我的实相，我相信我拥有无限的丰盛

有些人相信拥有大笔金钱是一种沉重的负担，害怕因此受束缚。然而无法支付账单与担心没有钱同样也是一种负担，让你感到束缚。其实你不会被金钱捆绑，除非你相信并设定如此，你才会经验到它。你相信什么，就创造什么。如

果你相信大笔金钱是一种累赘，那么在你赚大钱之前，最好改变这个信念，否则你经验到的，就是金钱成为负担与责任。如果你要求一大笔钱，但尚未得到它，有可能是你的内在正在帮助你改变对于有钱的负面信念，然后才会把它带给你。

你对金钱的信念，决定你如何吸引金钱、花用金钱以及金钱与你的关系。你相信你能做喜爱的事来赚钱吗？或者你相信金钱必需辛勤努力？如果你想要什么却还尚未拥有，也许有什么信念阻挡它的到来。在你活出的每一个信念之中，都含藏了一颗与它相反的信念种子。在一个你不相信你值得拥有金钱的想法中，正藏着一个尚未实现的相反想法——相信你确实值得拥有金钱。当你把注意力从负面思考移开，并开始活化你的正面想法，你会改变你的经验。

你也许发现你有某些受限的想法来自父母的灌输与信念。你从小就被父母或周遭的人，以话语、信念或暗示的讯息，植入许多想法、画面与概念。认出那些来自父母的信念，有意识地决定是否保留它们。原谅父母教给了你的那些你不想要的信念，明白他们已尽力做好一切。就某方面来说，其实这些信念也有它的完美之处，它引领你到适当的课题与必要的成长，让你发挥更多的潜能。你可以释放这些不能服务你的老旧程式与信念，选择适合你运用的法则。你可以选择你想要的信念、想法、概念与意象。

我选择带给我活力与成长的信念

当你发现阻碍你的信念之后，你要释放它并创造一个新的信念替代它。方法之一是安静下来，闭上眼睛，想象光将你包围，然后用象征的方式去除那个老旧信念。你也许看见你的面前写着"我不配拥有财富"，现在把这几个字一个一个擦掉，用更大的字写上"我配得有财富"。要更进一步植入新信念，把它写下来，每次想到它便念它一次，把它放在你的住处或工作场所随处可见的地方。

你的情感与想象力能增强或削弱你的信念。不要忽视或否认那些老旧信念，接纳它们只是你对实相本质的想法而非事实，然后想象你拥有相反的信念。如果你相信赚钱很辛苦，就想象它很容易。利用你的观想能力把画面变得真实。

当你观想它，体验你活出这个新信念的正面感受。每天用一个小行动提醒自己这个新信念。如果你认为自己不配得到美好的事物，就为自己买一件真正好的东西。借着这个行为，你也许会发现新的感觉与信念，让你了解并运作它。

我的信念为我创造美好的事物

你可以培养帮助你累积财富的新信念。例如，相信你能做你喜爱做的事来赚钱，有可能会激发你的创造力。你会想相信金钱是一种你可以享受的、能帮助你完成更高目的，并协助你贡献人群的事物。

如果你相信自己很穷，你的潜意识会创造事件让你感觉很穷。如果你相信财富无益，你就绝对不会允许自己用上任何能为你带来金钱的技术或能力。如果你相信最好不要有钱，你可能会压抑你的才华与技能，因为展现它们或许会为你带来经济上的成就。

在你吸引新的事物之前，你可能需要改变你对自己的观感与对于配得的信念。举例而言，有一位女士想要搬进一间更好的公寓。经过一年储蓄，她与先生有能力负担更好的地方时，他们就搬家了。因为觉得她的新家很美丽，她开始邀请朋友到家里，开始打扮自己，对自己感觉更好。她认为是那个新家提升了她的自我价值感，然而早在她得到新房子之前，她就已经改变了对自己的观感。那个新的住家是在她改变关于自己配得什么的信念之后才出现的。如果她了解她真正想要的是改变她的自我形象，她可能会立刻去做那些提升自我价值的事，而那笔更换新居的钱会来得更快。她必须等待一年，是因为需要这么长的时间来培养她配得更好的居住空间，并拥有一个更好的家的信念。

我值得拥有丰盛

现在就问你自己："有任何理由让我的生活不丰盛吗？我配得丰盛吗？我认为有钱的人比我更配得丰盛吗？"想出所有你值得拥有金钱的理由。

想一件你最近获得或创造的事物，它原本并非你的能力所及。你希望借由获得它带给你成长、活力与对自己的新观点。什么是它为你带来的新观点？在你创造这个物件之前，你已经改变了你对于自己是谁以及你可能拥有什么的信念。在你购买或持有它之前，有什么新的自我形象出现呢？举个例子，有位男士买下了一个他一直很想要，质地极好的睡袋与帐篷。在这件事之前，他出现的新形象是他成为一位户外生活家，成功富裕，配得很好的装备。现在，想一件你想要，但尚未得到的事物，你的什么新形象会让你拥有它？你需要对自己有什么新的信念才能创造它？当你创造这些新的信念与新的感觉，你的磁化效果会有惊人的进展。

◎ 游戏清单：转换你的信念

1. 检视你目前的生活中与财富有关的一个情况，问自己："拥有什么信念会让一个人创造这种情况呢？"列出几种可能性。当你发现对的答案，你的内在会有某种感受。

2. 针对它，在它的下方写下一个你想要的新信念。

3. 想一件你想要的东西，你需要对自己有什么新信念才能拥有它?

注意:把你的新信念写在纸条上,放在经常可见的地方会很有帮助。每当你看到这个新信念,你会送给它能量,帮助它成为实相。

第八章

让财富涌入

当你成长并对于创造富足的各种层面愈来愈敏锐,你会明白金钱的流进与流出如同浪潮,你将经验潮汐的起落。你们的宇宙由能量所构成,能量以波动与循环的方式移动。有时候你的磁化吸引效果显著,有时候效应些微。有些月份你的收入比平常丰富,有些月份你收到的账单特别多。可能有几个星期,你的生意大幅成长,门庭若市,也有几个星期你只有少数客户,门可罗雀。

生命中每一件事都有自然周期,财富也是一样。每一种行业都有起落,人的生命也有周期循环,有时金钱流入大于流出,有时恰好相反。你的挑战是不让你的心情随着财富的起落而上下起伏;反之,利用这些自然的周期,推升你的丰盛荣景。

财富涌入我的生活，我是成功丰盛的人

你有可能经历的金钱流动，有四种基本的状态：持平期，金钱进出的数额相当；涌入期，金钱流入大于流出；消退期，金钱流出大于流入；停滞期，没有金钱进出。金钱代表的是你与外在世界的能量交换，它代表的是从你自身流出去的能量与回到你身上的能量。

当你处于持平期或停滞期，也就是金钱的流进与流出数量相当或不动时，你得检视你自己的能量在哪里不流动。你会希望你的财富能量与个人能量都是流动的。只要解开能量堵塞的地方，就能在生活中创造更多财富。财富的阻碍，可能源自那些能量不流动的地方，例如你的身体、你的情绪或你的人际关系。如果你处于金钱的持平期或停滞期，而你希望能量可以再次流动，花时间观察你的生活，要求你的内在告诉你，哪里的能量需要流动。

我的每一个生活领域的能量都开放而流畅

有时候可能不流动的是你的身体。如果你的身体不如你希望的那么健康有活力，你可以透过追随内在的冲动让你开始得到更多能量。你的身体总是在试图告诉你它的需要，而你收到身体的低语了吗？它也许要你多休息，接近大自然，运动或改变饮食。顺随内在冲动，你的身体会变得更有活力、更健康。当你在这个区域获得更大的流动，它会帮助财富流入你的生活。花时间观照你的身体，有什么地方能量卡住了吗？有什么内在的冲动是你经常忽视的？例如改变饮食、多运动、做做身体按摩或到户外散步？这几天有什么你可以立即采取的简单行动，能帮助你打开这部分的能量？

有时候你可能感觉到情绪的堵塞，对某人感到愤怒，或者压抑那些需要表达的感觉。抱着向上提升的意图与带着同理心说出你的真理，能解除你的情绪堵塞。再一次，提醒你遵循你的内在冲动，聆听你的感觉、尊重它们，依据它们采取行动。检视你的人际关系，看看哪里有任何施与受不平衡的地方吗？在哪里你投入很多能量却很少回报？或者你不想付出只想着接受？你送爱给别人吗？你感觉到被爱吗？你的心是敞开的吗？

当你发现一个地方有堵塞，你可以问自己："我能做什么让这里的能量流动？"它不一定是什么大行动，它可能很简单，例如告诉你的朋友一件你必须说的事。在接下来的一两周，你能采取什么小的行动，去打开你与某人之间的能量？也许只是拨个电话，改变你的态度，或在心里对某个人说你接受他本来的样子。

一个不快乐的地方可能会影响其他地方。当你对能量愈能保持觉察，你愈不可能把生活中不如意的地方藏盖起来。为了经验你追寻的丰盛、活力与成长，你有必要尽力让生活的每一个地方保持流畅。当财富不再涌入，就是时候开始做你想做的新活动了。找到能带给你喜悦、活力与能量的事，开始做它们。如此，你会让你的能量流动并创造财富的涌入。

我总是收入大于支出

人人都期待金钱涌入，此时流入的金钱大于流出。你每个月都有几次这种体验。当你收到薪水或任何金钱，在你花掉它之前，你都创造了涌入。开始认出你的生活中已有的金钱涌入，你要的是更多金钱流入大于流出的日子。如果你能认出每一个收入大于支出的日子，即使只有一天，你也会发现自己的金钱涌入增加了。如果你已经到达一个持续有金钱盈余进入的层次，恭喜自己！你已经掌握一定程度的丰盛秘诀。花一些时间去欣赏与认出你的成就。

这个层次也会有一些挑战。其中之一是当收入大于支出时，仍把花费保持在远低于你增加的财富，如此当自然的消退期来临时，你仍然有支付账单的能力。直到你完全熟悉显化过程，能在任何时候创造你想要的东西之前，要将多余的钱存下来。无论你在什么财富等级，花掉比你拥有的更多金钱，会让你感觉穷困。有些人无法体验丰盛，因为他们总是花光赚来的钱，甚至更多。或在收入增加时增加他们的每月支出，而在金钱消退时没有足够的钱支付账单。那些感觉富有的人，通常花费会少于收入。

有一位年薪不高的男士，他开始观想他获得金钱的丰收。三年内他吸引了很多新的商业点子，他一一付诸行动，于是达到了巨额的年薪收入，而且一周只要工作三天。然而，有钱的冲动让他买下一幢新豪宅、一辆大车与其他昂贵物品。很快地，他的花费就到达了他必须赚进更高年薪才能支付开销的点。即使收入大增，他仍然觉得自己很穷，并感受金钱的压力。当隔年生意下滑，即使他赚了很多钱，却立刻陷入了财务困境。

我允许自己拥有的比梦想多更多

当收入大于支出，当生意进展或进账超过你的预期，你的挑战在于继续要求更多。你如果说："太多了，再这样下去我会无法处理所有的生意、责任或工作。"你可能会踩了过多刹车，如此当自然的消退期来临，你会发现你的进账或生意远比你预期的下降得更快。当你感觉被生意、工作、机会或金钱淹没时，别踩刹车，挑战自己要求更多。浸泡在不受限的思考中，对于你可能拥有什么扩大想象的空间。

当你在上升周期时，持续敞开更多，明白当"更多"来临，你会在生活中发展新的流程、形式与架构来处理它。你也许需要请帮手，改变工作内容与接触更多的人。当你变得更丰盛，你的挑战会是处理所有的选择、机会与随之而来的丰盛。这挑战你成长、广结善缘、扩大规模，并接受更大的责任、权力与丰盛。

◎ 游戏清单：让财富涌入

1. 你的生活是否有不尽如人意之处？花点时间想象你想要它变得怎么样。安静下来聆听内在指引，告诉你该怎么做，会在这个地方得到你想要的体验。明天，你会采取一个什么愉快的行动，开始去依循这个指引？

2. 静下来注意你的身体，你一直在接收什么让你更有能量、更健康的内在指引？明天你会采取一个什么愉快的行动，开始去依循这个指引？

3.思考你的人际关系，包括你与自己的关系，是否有不尽如人意之处？想象你想要的关系。

注意：你无法改变别人，只能改变自己。通常当你改变自己——你的态度、观点、行为，对方的反应也会改变。什么是你想对自己做的改变？安静一下，让关于你如何能改善这段关系的意念浮现。要愿意依循这些想法采取行动。

第九章
行到水穷处

如果你正经历金钱的低潮，支出大于收入。别惊慌，不要丧失自信或自认失败。处于金钱低潮期的挑战，在于相信你未来的丰盛繁荣。地球上每一件事都有循环周期，所有的阶段都是暂时的，每一个低潮后面都跟随一波高潮。

如果你的收入出现短期或长期的减少，记得它们都是短暂的，把焦点放在这个经验要你学到什么。鲜少有公司不经历自然的商业循环造成的销售起落。当你的显化技巧愈来愈高，你会愈有能力在需要时磁化吸引想要的事物，而不受自然循环的影响。

利用金钱的低潮期厘清生命中的金钱问题。继续磁化吸引并问自己："这个情况对我有什么好处？"能量的变化总有更高的理由。既然在消退期，你就可能比较有空去做一些你一直想做的事：充实新知、思考、放松、尝新或休个期待已久的长假，或者为工作寻找新方向、探索新点子，总有办法度过消退期。你心中有许多点子等着你探索与尝试，注意那些你喜爱做的事，以及你的梦想与愿景发出的召唤。

宇宙完美地运作，总是为我带来更高的益处

你愈感激你在低潮期收到的礼物，下一个高潮期就会来得愈快。把焦点放在你拥有的丰盛而非应付账单。看看你正在培养什么新的内在品质，像是耐心、信任与爱。记着，你留心什么，你就创造什么，同时每一个下降周期之后便跟随着上升周期。回想你曾度过的金钱困境，看看它为你培养的力量与之后生活上的改变。回顾过去，你会明白每一个低潮为你带来的进步与进展。

有时候在赚钱之前你需要先花钱，就像经营生意一样。如果你现在花的钱会带给你未来的荣景，那么它只是一个让你展现信任自己未来获利能力的作为。然而要诚实评估你的需要与预期的收入。评估你的技术、知识与市场，根据这

些来做决定。例如，新事业有时候会花太多钱在高级的办公室、设备与雇用员工上，后来却发现他们的营收根本无法支付这些开销。

债务代表我和人们对我赚取未来财富能力的信任

如果你打算借钱，先问你的内在指引是否恰当。如果你想融资去进行让你向前跃进的计划，那么它可能会为你带来更多金钱。如果你借钱只是支付每月费用，那表示你的财务结构有了基本的问题。你可以借钱来付租金，但是每个月都有租金，最好想想其他办法，而不靠持续借贷来创造财富。

有时候借贷是必要的周转，让你能采购需要的东西或支持新计划。如果你已负债，别让这个事实影响你对丰盛繁荣的感受。如果你的举债已经到了你无法控管、你也无力偿还的地步，回去设定你的原始信念——你能轻易偿还债务。当你借钱时你是相信自己未来的收入能够还钱，要经常保持这个信心，更新它。与其担心债务，不如高高兴兴地付出每月偿还的金额，即使只有些微。观想你的负债愈来愈少，最后能够完全还清。

忧心债务是毫无生产力的。你可能不喜欢欠钱，然而你无法脱离债务，除非你把心力放在创意与工作上，替代忧心烦恼。如果你还不出钱也要与债权人保持联系，告诉他们你愿意偿债并尽你所能还钱，即使只能付出很小一部分的金额。你的债权人会乐于知道你的消息，而你若能规律地还钱，通常他们会愿意接受你能支付的金额。

有个家庭因先生被裁员而无法支付账单。债权人纷纷打电话来催讨，这位太太变得很害怕接电话或应门，因为不断有人上门来要钱，情况似乎很糟糕。有一天，有人告诉她如果与那些债权人联系，解释发生的事，通常会有商量的余地。她原本不认为可行，因为大部分的债权人都是大型企业。不过她决定正面思考，勇敢地打电话给每位债权人，解释家中遭遇并表示偿还的意愿。她很惊讶地发现每位债权人都很友善并且讲理，她提出每个月偿还一点钱直到她有能力支付较大的金额，债权人都接受了。

如果你有负债而想脱离负债，首先要清楚债务的金额。接下来，如果你对这笔债务有过任何不好的感觉，原谅自己，了解你借钱是因为你与借款人都相信你未来有赚钱的能力。观想你的债务完全清偿，想象负债数字降到"零"——全部都还清了。看见你付出最后一笔款项，栩栩如生地想象，体验零负债的美好感受。

别担心要多久才能还清，它会比你想的更快。当你准备支付下期金额时，假装开一张全额清偿的支票给它，把支票放在一个每一次你想到债务就可以看见的地方。当你付出还款时，送爱与感谢给你的债权人，感谢他们信任你。

许多人用银行存款的金额来认定自己的个人净值。即使你没有存款只有负债，你仍然拥有净值——你的技术、知识、态度、教育、经验与人脉。任何你学习与拥有的技能都是你未来收入的来源。你过去的技能与经验就是你的净值，它们都能转换成财富。

我做的每件事都提升我的评价与价值

当你领到薪水，你是用你的经验来换取财富。每一天，你都得到能转换为财富的经验，如此你的赚钱能力不断增长。你的知识、技能与经验，适当运用，都会产生价值。未来你会更有能力，它们会为你创造财富。即使在负债中，你仍具有庞大净值，只是你尚未将经验转换成财富而已。如果你靠助学贷款求学，你创造的技能净值，将来都会被转换成财富。保持成长、扩展并遵循你的道途，你的价值会不断增加。当你成长，你会有能力赚更多钱去偿还过去的债务。

如果你生活在温饱边缘，几乎无法支付账单，也千万别认为自己是个失败者。这只是你选择学习许多重要课题与经验你的本质的方式，你会从这个经验快速成长。透过体验匮乏，你学会你值得拥有丰盛。你也许会发现生活需要的不多，了解你并不像你以为的那样倚赖拥有什么。也许你在学习即使拥有的不多，仍然可以慷慨大方。你也许在学习信任、慈悲与谦卑等更高的品质。你也许在寻找对你而言真正重要的事，厘清什么是有意义而必要的事，什么不是。你也许在学习如何接受别人的给予，或者即使没有钱也可以感觉自己很有力量。当你了解、拥抱与接纳这些课题，你就不再需要它了。

我经历的一切是获得力量、明晰与洞见的机会

你们有些人处在为生活挣扎的温饱边缘，投入大部分的时间与能量去支付账单及维持基本需求。拥有足够金钱的重要性在于，如此你才能把能量投入人生志业，而不处于缺钱的混乱中。你可以考虑以临时工作应付生活开销，它只是权宜之计，让你去发现理想工作或职缺。在这个阶段，在你的诚信范围内，你可以找到一个可能的、最容易的工作来维持你的基本生活。即使它用不上你的技能也并非一个理想的工作，只要环境与商业活动还算令你满意就好，它能帮你建立经济基础，让你能做其他的事。

经常担忧金钱会阻碍你的创意与清明的思绪。维持应付开销与基本生活无虞，有助于你更快发现与开创你的人生志业。你的内在不在乎你的职衔，只要你持续将爱与意识带进工作，你的灵性就会成长。如果你决定找个临时工作，不要认为那是牺牲理想。你可能会发现如果你自己可以不必为生活挣扎，你可以更有效率地帮助别人。

一份临时的工作可能为你带来意想不到的惊喜——新朋

友或者对未来有用的新技能,或以你还不知道的方式,让你向你的人生志业迈进一步。一份临时工作可以带给你金钱、新的技能或机会去得到你更喜爱的工作。没有任何经验是浪费的,即使例行性的工作也会教导你需要的功课。确认这份工作不会耗掉你所有的能量及时间,因为你要有余裕去启动更大的目标。

你们有些人会决定停留在温饱阶段久一点,认为临时工作是一种妥协。你也许觉得除了人生志业,其他工作都不可接受,宁愿苦一点也要开始自己的事业。明白你自愿踏上这条路,不要因为别人的看法而感觉自己是错的。只是要确定你的基本生活过得去,如此你能花必要的时间去开始你的事业。

生命就像一个螺旋,你会一再经历每一个阶段,从愈来愈高的视角体验它们。当你没有钱的时候,你在学习许多处理金钱的课程,培养金钱到临时轻松以对的能力。要在这个层次获得突破,你要在金钱、消费、要求与需要各方面维持简朴单纯的生活。想象你是在冬天被修剪的玫瑰花,当春天来临时你将成长茁壮。利用这段时间维持你的基本需求,去融化那些对你没有好处的事。

当你不知道付账单的钱从哪里来，或内在指引为你揭露改变现况的步骤，而你却害怕采取行动，那么你可能要处理你的恐惧。恐惧并不像你想的那么难以克服，要解除它，只需要你的意愿与意图。

有一个解除恐惧的方法是，认出你在害怕什么。如果你对财务状况感到害怕，运用你的想象力，问自己："如果这个月付不出钱，最糟的情况是什么？"得到答案以后继续问："最坏的结果是什么？"最后你一定会触及你最深的恐惧。认出它，你就能解除它。

如果最坏的结果是失去工作、没有钱，然后会饿死，先处理这些恐惧。当你能指出你的恐惧，你就能改变它们。一旦你处理了你的恐惧，你会明白适当的行动是什么，也会有能力执行它。面对恐惧时，别放大它们。明白最坏的结果，你会理解要如何处理它们，而它们很可能就不会发生了。

举个例子，有位女士想自行创业，但一直没有开始；她知道她在害怕。她问自己："创业最糟的情况是什么？"她回答："没有人付钱给我，没有生意，于是我无法付账单。"

她接着问:"那最坏的结果又如何?"她回答:"付不出账单,我会失去房子,孩子会没饭吃,大家都挨饿。"她再问:"果真如此,那么最坏的结果是什么?""我想我会死"她这样想。

当她明白她的恐惧,她理解最坏的结果要发生的概率微乎其微,因为她知道,至少她的兄弟姐妹与父母会给她食物。把最糟的恐惧带到表面,似乎也唤醒了她的力量。因为你内在的每一样恐惧中,都有一部分明白你会成功。

我送爱给恐惧,恐惧是我内在等待被爱的地方

针对刚才相同的情况想象最好的事发生。你内在的每一样恐惧,都代表一个你今生要开发的领域,一个你要带进光,转化负面能量为正面的地方。当你把恐惧向上带进意识的光中,它们会失去力量。只有当它们潜伏于你的内心深处时,才会让你规避去做踏上更高道途的事。

在你认出了每一样恐惧之后,你会收到如何释放这些恐惧的指引。你可以送给自己最伟大的礼物之一,是检视生命

中反复发生而让你痛苦挣扎的事，把光带进它背后的恐惧。解除恐惧能带给你极大的礼物并打开你更大的潜能，因为每一样恐惧，都含藏了许多关于你是谁与你能有什么作为的新画面、洞见与启示。如果你害怕会有足够的钱去做自己想做的事，那么像是环游世界、拥有舒服的家或财务独立等的想法，就不太可能来到你的意识中。放掉你的恐惧，将打开你能获得成长与潜力的所有领域。

另外还有一种释放恐惧的方法，就是当你认出恐惧时，把它带进内在的光中。要求内在解除、净化与疗愈你的恐惧。释放那些无法为你带来更高益处的事，要求它们离开你。你只要请求，你的内在会立即引领你到那些帮助你释放恐惧的事物那里。如果你准备放下恐惧，要求现在就解除它。对创意的新方法保持开放，得到你想要的事物。

你不是你的恐惧，你只是经验了它们的一个自我。与其说："我很害怕。"不如说："恐惧的感觉正在通过我，现在我轻易地放开它。"提醒自己，正在感觉害怕的只是很小部分的你。你可以学会辨认与联结你的强大自我，借由送爱给那些恐惧的想法，并安慰它们如同你在安抚一个惊恐的小孩儿一样。问问那样恐惧是否有讯息要给你，有什么它希望你注意的事。当你爱你的恐惧并释放它们，你就能向前迈进，更快地获得属于你的丰盛。

我谈论成功与丰盛，我说的话能激励与启发别人

要增加你的丰盛繁荣，就谈论它。言语很重要，你说的每件事都有成为实相的潜力。宇宙回应你的正面话语。即使现在你还没有得到想要的东西，如果你开始谈论它，表现得像是你确定会拥有它，你是在吸引拥有它的环境。言话会影响你的潜意识，它听得见你说的话，直接将你的话实现成真。当你说"我没有钱"，这句话会直接进入你的潜意识，开始为你创造匮乏。与其说"我买不起"，不如说："我选择这次不买。"

最好不要对别人谈起你的失败与财务危机；如果你现在没有钱，不要抱怨你的匮乏。向人们谈论你的愿景与梦想，谈生活中美好的地方与你对未来的正面感觉。对别人谈起

你的信任与自信,不强调你的匮乏。你的朋友们会在心中携带你的影像,当你想起自己,你便撷取他们的那些影像。如果你谈论你的丰盛成功,他们会联想到你的丰盛成功,对你持有正面的影像,如此当你想要,你就可以接上这些影像。

我活在丰盛的世界,我的宇宙一切美好

如果你感觉钱不够用,就假装你已经拥有你需要的钱,让那种丰盛的感受进入你的身体。你的潜意识无法分辨真实与想象的差异,于是会快乐地到外面去为你创造你要的美梦。用第四章的练习持续磁化吸引你要求的事物,运用章节所说指引。创造一个丰盛的愿景,那么很快地世界就会将它反射送回到你的面前。

你会想要安静坐下,要求你的睿智自我送给你怎么做能增进你的丰盛繁荣的讯息。如果没有讯息,假设你要求的事物已经在路上了,先感谢宇宙与你的内在把它送给你。继续你的日常活动,仿佛你要求的事物正要到临。不管你是否担

心,它都会来。忧心与烦恼会削弱你吸引丰盛的磁力,把你的心思用其他需要你思考或从事的事情占满。经常检视你心中是否出现进一步的低语或需要你注意的讯息,处理它们,然后回到下一件你需要做的事情上。

你需要的是逐日前进。看看有什么是你今天可以采取的为你创造财富的行动。你们很多人迷失在伟大的愿景里,不断感受这些愿景的压力,甚至因为还没有完成那些梦想而觉得自己是失败者。不需要这样,你只要单纯地专注于你今天能做的事情就好。总有一些你现在就能做的事,让你去展示你信任你的未来。无力感通常来自活在未来,担心你的未来依然匮乏。你无法改变未来,除非今天你采取行动,所以,专注于你今天能做的事,用它去创造你的丰盛荣景。

即使最大型的计划也是逐日成形的。事实上,大型计划最好是一天又一天,一个月又一个月地建构,始终聚焦于它的下一步,看着它慢慢实现。开创梦想需要耐力、毅力与承诺。信任此刻你正在经历的事,对于你的成长而言很完美。即使你要求的是丰盛,而你的体验正好相反,也要明白正是这个相反的体验,能产生你需要的能量,让你跃步向前。

◎ 游戏清单:脱离只求温饱的生活

1.如果你现在还在求生存的生活状态,问自己:

(a)我正在学习什么?

(b)我如何变得更坚强?

(c)我正在培养什么品质?

(d)什么是我发现在生命中真正重要的事?

2.如果你还在为生活挣扎,感觉自己没有出路,请你想象:

(a)假装你在一个盒子里,或你正看着你与你想要的事物之间隔着的一道墙。

(b)这盒子看起来如何?它是什么材质做的?墙有多厚?

(c)现在,如果你想象的是盒子,为盒子装上门窗,你想装多少就装多少,直到你感觉自由与舒适。或者给你自己适当的工具去拆除那道墙,直到你满意为止,你能轻易地到达另一边。运用象征来工作,能为你的生活创造深刻的改变。每一次你做这个练习,那些盒子或墙壁代表的事物会开始改变,新的机会将到来。

第十章
信任

　　信任，是敞开心相信自己与宇宙的丰盛。信任，是明白宇宙充满爱而友善，始终支持你的更高益处。信任，是明白你就是创造过程的一部分，并相信你为自己吸引想要事物的能力。

宇宙是安全、丰盛而友善的

　　大多数人都对金钱有过疑虑——怀疑自己的钱是否够用，这些钱能用多久或者自己是否有能力达成财富的目标。即便是那些腰缠万贯的人也经历相同的疑虑，想知道金钱是否会持续涌入，或者他们拥有的财富是否能维持下去。不必责怪自己对金钱的担忧，然而要改掉为金钱烦恼的习惯，否则不管你拥有多少钱,你都会担心。

很多人想到他们有多少钱,都会觉得那是个问题。你对金钱的疑虑与担忧,与你有多少钱无关;你花多少时间烦恼金钱,也与你能创造多少金钱无关。如果你下决心只在自己觉得有自信以及内心感觉宁静时,才去思考金钱的事,你会增加你磁化吸引的能力。

假使你正在烦恼金钱,想办法增加自己安好的感觉,而不要想钱的问题。与其问:"今天我需要多少钱?"不如问:"今天我如何创造财富?"把焦点放在创造财富而非需要金钱上,两者发送到宇宙的能量差别极大,前者对金钱具有磁性吸力,后者则无。

如果你已经采取了适当的行动,把注意力放在其他事情上,一边注意有没有关于下一步的内在指引。问自己:"我现在可以做什么让我感觉安好?"去做一些增进你的心情愉悦的活动,因为它们会提振你的精神,转换你的心智状态,让你到达一种对你的财务能正面思考的状态。一旦你感觉变好了,你会更能倾听内在指引,获得崭新的、有创意的点子。

我只期待最好的事会发生，而它就会如此

信任是期待最好的事会发生，相信你能创造想要的事物，明白你值得拥有。它能用许多方式展现。它可以展现在你相信某一件事会发生，即使外在世界反映出完全不同的事；它可以展现在你谈论你的丰盛，即使你还没有看见它在你周围具体实现。

光坐在那里穷相信是不够的。你可以借由聆听内在指引采取行动来展现信任。因为你活在一个形式与物质的世界，行动是一种具体的联结，让你拥有你想要的事物。你可以借由对你的点子采取行动、收到回馈与看见成果，来培养你的信任感。每一次当你愿意承担风险，你增加了你信任与相信自己的能力。信任与希望不同。信任是相信并知道你想要的会来到；希望是想要一样事物，但并不真的相信它会来到。

你要表现得如同你有钱能拥有你想要的一切。有多少次，你迟疑着不敢拥有什么，认为自己没有那个钱，而当你得到它时，却发现你其实一直都是负担得起的。如果你想要什

么，出门看看，观想它，采取行动。通常你会发现得到它花的钱不如你以为的那么多，或者会有朋友把一个用过的送给你，或者你会以另一种意想不到的方式得到它。用行动向宇宙展现你拥有它的意图。那个行动也许无法直接为你带来那样东西或那一笔钱，但是你的意图会向宇宙发出信号，让它开始把你想要的带给你。

假设你想要一个新家，但是你没有足够的钱。与其就这样放弃，不如你就像是拥有这笔钱一般采取行动。你可以从想象那个理想的房子或公寓开始。四处去参观、探询，就像你拥有这笔钱一样，在心中不断反复描绘这个家完美的样子。即使一开始你没有钱，但是你想要一个新家的意图，会创造出许多改变的可能性。当你的意图向外来到宇宙，你会开始对于特定的人或事件具有磁性吸力，你能吸引机会到临，这些机会在你不清楚自己的意图与尚未采取行动之前，并不存在。

有一位女士就是用这个方法找到她位于旧金山市区的公寓。当时别人都告诉她不可能，因为她负担得起的少许房租，连租一个工作的小空间都很困难，而她想要的公寓，要有一间寝室，离她在市区的办公室走路就能到，并且要有一个露台或室外空间让她的猫活动（有很多地方甚至不接受宠物）。她没有听从那些认为她是异想天开的朋友的话。她其实只有两周的时间可以找房子，所以她开始清楚鲜明地在心中描绘她想要的画面，她不断地告诉自己这很容易，然后开始想象那间公寓并磁化吸引它。

有一天，她感受到一股强烈的渴望要出门散步，她遇见一位女士，坐在一栋小楼房前面的台阶上。也不知为什么，她感觉很想告诉那位女士她正在找房子。结果发现那位女士正是一个房东，她的公寓就位于这栋建筑物里面，与她的描述丝毫不差。这位房东不需要靠房租生活，因为不喜欢之前的房客，所以决定除非遇到合意的人选，否则不再出租她的公寓，因此房子已经空了两年。结果她们相谈甚欢，那位房东同意她搬进来住，不但不收押金，还允许她养猫，租金正好是她能负担得起的那个数目，而且从这里到她的办公室，走路就能到。

信任是心智的世界与物质世界之间的联结，提供想法从概念到显化的这段时间落差中，一贯的连续性。明白在心智层面,你的梦想早已真实存在,它们只是在等待一个最完美的时机,在物质实相中现身。信任你的内在会在对的时机带来对的事物。

我信任自己拥有丰盛的实力不断成长

你知道当你走在正确的道路上,门会开启,人会出现,巧合会发生。如果你不是走在你的道路上,或者没有追求你的更高目的,整个情况会像踩在胶水上,处处胶着,什么事都做不成。当你依循你的道路,能量是流动的,你的生活通常会轻松而顺利。这并非表示你不会碰到阻碍。你的挑战在于分辨它的意义,是否你该重新检视你的道路,或许另觅他途的时候到了;还是这些阻碍是助力,为了帮助你培养坚持与耐力。答案并不简单,要认出何时你该勇往直前,何时你该转换方向,需要依靠你的经验与自我觉察力。

有一种方法可以分辨阻碍是成长的一部分还是提醒你该另寻出路,那就是去看看你想完成什么。如果你的目标让你喜悦,或者克服阻碍让你感到愉快,知道跨越阻碍会为你带来你想要的，那么跨越它们便是对的。有些人享受克服阻碍的乐趣，因为克服阻碍会增加他们获得想要的事物时的成就感。

如果你持续专注在你想要的事物并采取适当的行动，阻碍大概就会开始化解。如果克服这些障碍时处处艰难，它大概是在告诉你，还有更好的方法可以完成你的目标。通常那些你看起来像是阻碍的状况，会引导你改变方向，结果是一条更好走的路。阻碍也可能是出现来保护你，让你不致采取一些不成熟的行动，或者要你去留意某些你疏漏的地方。阻碍也提供机会，让你在踏出下一步之前，处理所有你必须先处理的事。

有位女士想要搬家，因为楼上的邻居实在太吵。她花了三个礼拜找房子都一无所获。她不断肯定自己那个完美的家已经存在在她的生命中，她勉强自己克服所有的阻碍，就算这些阻碍似乎都在告诉她，还有更好的路。几周之后，原本住在她楼上的人居然搬走了，还搬进了一个很安静的邻居，最后的结果是她根本不需要搬家。她了解到，为什么每次试图要找房子都不顺利，而且决心要克服阻碍也总是让她很挣扎。她认清剔除了嘈杂的声音,自己其实喜欢的就是现在的房子,她真的一点都不想搬家。

我接受繁荣与丰盛进入我的生命

当你要求的事物远超过你现有的能力,像是取得大量的资产,那么它需要更长的时间来实现,好让你预备处理它的能力。你可以想象自己是某种振动频率,你现有的金钱符合那个频率。如果你在没有足够准备时突然收获一大笔钱,那么这笔钱的振动必然会使你失衡。你一定听说过有些人赚了大钱,却在几年之内花光所有,最后又回到从前的财务水平;也有人赚了钱之后,生活没有太大的变化,直到几年之后,当他们能从容地处理这笔钱时,才做出重大的改变。

及早为拥有愈来愈大量的财富做准备是重要的事,如此当它到临时,会与你的其他部分的生活保持平衡。你可以加速这个适应的过程,在获得大量财富之前,用"穿上"更大的财富能量,以及在心里想象你调和你的能量,直到你对更大笔的财富感到自在。

很多时候,外在世界看似全无变化,但其实你的内心世界已经经历了许多改变,好为你所要求的事物做准备。在等待金钱到临的这段时间,信任你有能力吸引想要的事物,同时了解每一件发生的事,都在预备你拥有它,帮助你改变你的振动频率去契合那个即将到临的丰盛。

现在你所经验的实相是由你过去的想法所创造,要把这个过去你创造出来的实相转变为你现在设定的新实相,会需要花一点时间。你要学习相信你能创造你想要的事物,并相信你值得拥有它。一旦你调整意图要变得更加丰盛,许多细微的内在变化就会开始发生。认出每一个你允许更大的丰盛进入你的生活的时刻,即使是最微小的事,都将使你对于拥有"更多"具有磁性吸力。

我信任每件事会在最完美的时机,以最完美的方式到来

新事物的来临需要时间,然而很多人都太快放弃了。你

的目标愈大，拥有你想要的事物需要跨出的步伐就愈大，需要的时间也会愈长。因为要把你从你现在所在的地方，带到你想去的地方，需要一定的步骤并且发生一些必要的事件。你可以运用能量工作来加速这个过程，如第四章"一般磁化练习"的步骤6所说的那样。在你等待某样事物到临的期间，肯定你的信任，开展你的勇气，学习对那些你收到的指引敞开，依循它们采取步骤与行动。

事情是否在对的时间出现也很重要，也就是在你准备好的时候。如果你想要的事物来得太早，情势有可能还不够健全，不利于让它充分地发展。就像一颗决定在隆冬发芽的种子，对那棵植物而言可能太早，因此幼苗将无法存活。如果来得太晚，又可能错失充分发展的机会。如果那颗种子迟迟等到夏末才发芽，在进入秋冬之前它会没有足够的时间生长发育。时机十分重要，你的内在会在最完美的时刻为你带来每一样事物。

如果你回顾过去一件你要求，却没有得到的事物，你大概会了解，在那个时候，它对你而言是没有帮助的。有一些你想创造的事物，可能会成为你的阻碍，如果创造出来的时机不恰当或形式不对，你可能之后还要花力气摆脱它。而释放它们需要的时间与能量，还有可能导致你无法专注在你的道路上。

建立信任感很重要。宁可把你的目标放在心上，稳健地朝它前进，也不要期待立即的成果。你或许并不总是了解内在指引要引导你的方向，并且某些你觉得受指引的行动，也许并没有获得预期的成果。信任你的内在讯息正引导你到达你的目标，即使当时你不知道它怎么做得到。信任你会得到那些为了你的更高益处而要求的事物。并且每件事的发生都是为了把你所要求的事物带给你。不要用立即出现的金钱来评估你的努力成果，要从你有多么喜欢你做的事以及你的行动对你的生活贡献的价值来看。当你继续依循内在指引，做那些对自己有意义的事，你就能创造你的梦想使其成真。

你在开创更大的丰盛的旅程中所经验到的每一件事，都在帮助你开展某些你需要的品质，如此你能吸引并拥有财富。回想一些过去你充满信任的时光，那个时候你可能比现在还糟。也许你根本不知道要怎么支付到期的账单，然而你信任并且你就真的过了关。如果你相信钱一定会来，但结果却没有，这时你要信任发生的事是为了你更高的益处，即使此刻的你不明白为什么。无法拥有某样事物，也许会把你推向一个成长的新领域。

你可能还在获得想要事物的过程中，或者你已经得到了它的本质。每一样你吸引的事物都在教导你，并且贡献你的活力与成长。然而你并不需要每次都得透过具体的成果来获得这些领悟，你从想象拥有这些事物或许就能让你学会这些课题，而不需要用物质实相创造它。如果你还没有收到你磁化吸引的事物，再一次检视你想要的本质，看看你是否已经以其他的方式收到它了。回顾你想创造它的真实目的，检视那个目的是否已经以其他方式实现了。

那些你想要、需要并能服务你的更高目的的事物，一定会来到。不要认为它不来是因为你的过失，觉得你不够努力或先天的显化能力不足。相反地，明白这是一个爱的宇宙，你要求的事物之所以没有来到，只因为它不符合你的更高益处，或者它的形式并不适合现在的你。

我臣服于我的更高益处

创造财富的最后一个行动是放下,并臣服于你的更高益处。让事情以它们的方法,在它们的时间发生。信任,是明白你的内在存在着一种更高的力量,这个力量会协助你在对的时间,以适当方式为你带来你要求的事物。臣服,意味着不将忧虑恐惧带进创造的过程,只为结果负起责任,期待最好的会发生。

不执着也很重要。不执着是一种心智上的放手,如同臣服是一种情绪上的放手。如果你觉得你少了某一样东西就活不下去,你的幸福取决于是否拥有它,那么实际上你是在推斥这样你想要的东西。当你超脱拥有它的需求,你会更容易创造它。有句话是这样说的:"你无法拥有什么,直到你不需要它。"这不是你不想要。全然地放下你要求的事物。信任来到你身边的事物将服务你,带给你最高的益处,即使当下你不明白为什么。

宇宙完美地运作。你能触及宇宙的完美并学会信任它的慈爱,它教导你为了成长与扩展所需的一切。无论你的生活发生什么事，每一个情况都在教导你需要学习的功课，让你变得更强大。每一件发生的事，都在以某种方式帮助你发挥你的最大潜能、唤醒你的内在力量并达到新的精炼层次。你可以学习认出每一个情况所要教会你的事。当你认出你正在学习的内容，就能带着喜悦而非痛苦挣扎，快速通过所有的情况。这真的是一个慈爱、慷慨、丰盛、照顾你的宇宙，而你将永远得到对你最好的一切。

◎ 游戏清单：信任

花两三分钟，尽可能列出所有你曾想要、想象或幻想拥有，而且真的得到的东西。

在你列出的这些事物中，回想你得到它时你的信任程度。描述一下那种信任的感觉。你等着它到临的感觉如何？或你做了什么来强化你的信任，相信它们一定会来到？

列出你现在想要的事物，有哪些是你信任自己一定能够创造出来的?

从里面挑出一项,你可以采取什么行动来展现你有信心得到它?

第十一章
奇迹

奇迹来自爱，为爱所创造，为爱所吸引。回想一下你为某人创造的奇迹，也许是给他一件他需要的，极其珍贵的东西。回想那时候你对他的爱。奇迹来自你心中的爱，奇迹也带给你爱。对方必须愿意接受你的礼物，才能让能量完成。如果他无法接受，奇迹就不会发生。因此，在宇宙为你带来奇迹之前，你必须保持开放去接受。

当你想给予或收到爱与奇迹，你需要的就是发出你想这么做的意图。将意识伸展到最高远、最宽阔的视野，在你自己的经验中创造这些品质。你们每一个人都是一组爱的能量，有能力创造任何你所选择的事物。奇迹来自你的爱。如果你愿意打开你的心，爱你自己，爱人们，生命永远会充满奇迹。你能保持开放与爱的程度，就是奇迹能够来到你身边的程度。

你可能看过某个身心障碍的孩子，因为父母的爱而创造出奇迹，克服了无可医治的残疾。当你愿意接受与付出爱的时候，奇迹会出现。奇迹是宇宙与内在爱你的示现。如果你有任何想要的事物，在你的意念中观想它，然后要打开你的心。

每一天我用行动表达爱

用带着爱的感觉花钱或付出，能创造更多让金钱回到你身边的方法。爱的状态是接收宇宙丰盛的状态。你送给这个世界的爱愈多，你回收的丰盛与奇迹就愈多。每一次你支付账单或收到金钱，都要把它当作一种爱的礼物，让每一次的金钱交流变成一次你对周围的人发送爱的机会。

有时候，是你自己的头脑阻碍了奇迹的到来。头脑擅长定计划、设定目标与想象。当你在磁化吸引一样事物之后，如果你想加速显化过程或创造奇迹，你要打开你的心。信任并相信自己、爱别人，同时在每天的行动中展现那份爱。

尽可能地给出最多的爱，待人温良仁厚，带着爱说话，原谅不尊重你的人，爱人们，尊重他们，在所有的行为中表达爱。不批判论断，反之，在每个当下发现新的机会去爱。记住，当周围的人都爱你的时候，你很容易就能爱，你的挑战是去爱身边那些不爱你、不可爱的人。当你用爱与慈悲对待他人，你会为自己吸引机会、金钱、人、奇迹以及更多的爱。爱会将你送进更高的能量流中，为你带来更好的事物。当你对新领域打开心，你会对更多的美好与丰盛变得更有吸引力。

奇迹是出乎意料的事情发生带给你超越你的预期的结果。它们是当你放掉执着与相信你的内在指引时，会发生的共时性事件。它们通常在你向内在最深层的存在请求协助时来到。危机经常会创造奇迹，因为危机让你召唤你的内在最深层的部分进入意识。你的内在总是眷顾你，送给你爱与指引。当你安静下来进入你的内在，你联结了拥有一切答案的那个部分。当你进入内在，亲近内在，并请求帮助，答案会出现，并且奇迹会发生。你会想要学习如何不透过危机而进入你的存在深层的部分。而奇迹就是你向内触及内在的结果。

如果你想要某样东西，请求你的内在用一种对你展现它的信心与爱的方式提供给你。然后，你要开放去接受，同时，当你要求的事物到临，你要愿意认出它。每一次当你接受来自他人的爱，每一次当你开放接受来自宇宙的爱，你便开始为你的生活创造奇迹。

我联结宇宙的无限丰盛

当你无法从平常的来源获得财富，请求它从不寻常的来源来到。让财富从世界各地、其他人或任何你意料之外的来源来到。当你环顾四周，却看不到自己想要收到的事物时，你开始要求所有的财富管道都打开。如果你决心只透过某种特定来源获得某样事物，你切断了其他让它来到的可能性。

记住，你的生活可以在一夜之间转变。改变你的财务状况不需要花很长的时间，除非你相信必须如此。或许你能回想起有那么一次你在财富方面有烦恼，结果隔天发生了某件好事，就解除了你所有的烦恼。如果你现在有财务压力，记得这个状态只是短暂的，而情况会有所改变。

回想你记得的所有你以超乎预期的方式获得财富或是其他事物的经验，它们看起来就像奇迹一般。你愈愿意正面思考，聆听内在指引并据以行动，愈愿意信任并相信自己，致力达成你的更高目的，你就愈能吸引更多的奇迹。

生命本身就是最伟大的奇迹。你就是个奇迹，而你能创造你想要的一切，这又是另一个伟大的奇迹。你能拥有的，没有阻碍、没有限制。唯一的限制是你能为自己想象、要求并相信你能拥有什么。

奇迹是行动中的爱

◎ 游戏清单：奇迹

1. 写下你记得的所有奇迹般得到财富与事物的经验，像是有一股神圣的力量在帮助你，或是以你完全意料之外的方式发生，就好像奇迹一般。

2. 你希望在你的生活中出现任何奇迹吗？你开放去接受它吗？现在就要求奇迹进入你的生活。

第三部分

开创

人生

志业

第十二章
你能做你喜爱的事

　　你是个特别、独特的人,你要为这个世界做出有意义的贡献。每个人的诞生都有目的。你在这里出现是有理由的,你要在这个星球上扮演一个无可取代的角色。你要做的特殊贡献,就是你的人生志业。当你从事那个工作,你就是在遵循你的更高道途,如此你的人生会充满持续增加的喜悦、丰盛与美好。

我做喜爱的事,财富与丰盛自然涌向我

　　找到你的人生志业,能让你轻松创造财富与丰盛。属于人生志业的工作或活动,会让你把时间与能量用在做你喜欢的事情上。当你爱你所做的事,你会感觉活力、快乐与充

实。你散发的喜悦会为你吸引更多好事。你可以做你不喜欢的事来赚钱，但它会耗费你更多的努力。把时间与能量用来做你不喜欢的事，会削减你的丰盛能量流；做你喜爱做的事，则会轻松并且毫不费力地为你带来丰盛。

想想照顾植物的园丁。一个喜爱植物的园丁，只要有需要就会去除草、修枝、松土，保护他的植物，注意最小的细节，用爱关照每一棵植物，尽一切能力，让它们得到茁壮成长与开花结果的机会。当然，这比起讨厌这份工作、只在不得已的时候才照顾植物，照顾时也漫不经心的园丁而言，他的植物当然会更加美丽并结实丰满。虽然两个园丁都有收成，但喜爱植物的园丁收获会更大，并且能享受栽种植物的乐趣与喜悦；相反地，另一个园丁则很辛苦，勉强挣扎却收成不丰。

如果你已经在做你喜爱做的事来维持生活，你可以直接进入下一部分（第四部分）：拥有财富。如果你现在想获得更好的职务、找到更有意义的工作、回学校进修、开始创造你自己的事业、在生活上拥有更多喜悦，或者你正在找寻方法，让你能更有效率地从事你的人生志业，你可以继续阅读这个部分，并完成各章节的练习，它们会告诉你如何运用能量轻松吸引工作、事业或喜欢的活动。如果你现在无意探索人生志业，也可以直接做本章的练习"为人生志业的象征灌注能量"，然后继续阅读接下来的那一个部分，拥有财富。为代表人生志业的象征灌注能量，会开始磁化吸引它的过程，为你在适当的时间吸引理想的工作。

你喜欢的活动中，一定包含你用来执行人生志业时需要的技能与天赋。人生志业可能有许多不同的形式。某一样工作可能代表你某一段时间的人生志业，另一样工作可能代表你另一段时间的人生志业，它会随着时间而转变。例如，有位男士的人生志业是启发他人、帮助他人展现自己最美好的一面。在他做服务生、厨房助理、店员与仓管的工作时，他总是很开心地鼓励别人，帮助人们发现自己的力量。后来，他开始他的写作生涯，创作启发人心的书，鼓励人们实践一切可能并活出喜悦的人生。在几本书出版之后，他成为很受欢迎的演说家，旅行全国各地做激励人心的演讲。尽管他的工作形式随着他的成长不断改变与演化，他把他启发人心的最高的技能，用在他的每一份工作上。

我要做出独特不凡的贡献

你会知道什么时候你是在从事你的人生志业，因为那会让你感到生气勃勃与活力充沛。你会感觉你的生命有了更大的意义，你在做出有价值的贡献。你的愿景或目标会不断敦促你，你感觉你各方面的生活都更快乐。你的工作会让你充分地展现你自己，帮助你成长与进化。

你不需要改变现有的工作去做你的人生志业。你能在任何工作、在你扮演的任何角色上，做出有意义的贡献。因为不管是什么工作，你都可以把焦点放在如何帮助人们。你可以散播好的感觉，并用你内在的光碰触每一个接触你的人。你不需要一份工作或在企业中才能执行你的人生志业；你可以参与社区活动或经营你的嗜好，来展现你的人生志业。也许抚育家庭，帮助引导孩子的生命能量进入更高的秩序，就是你的人生志业。当你的生活充满有意义的活动时，你会散发喜悦与爱，并且对于丰盛具备磁性吸引力。

你可以拥有让你实现抱负、心满意足的工作。你可以感觉每天的生活都充满活力，并在过程中赚取金钱。你可以在支持你的环境中工作，周围是你喜欢的人，做的是你喜爱做的事。当你运用你的特殊技能与天赋，你会吸引能让你完全展现自己的赚钱机会，同时带给你挑战并激发你的潜能。当你做你喜爱的事，你会丰富周遭人们的生活，并为这个世界增加更多的光。从事人生志业，你就是在完成你到地球要做的事。

任何你喜欢做的事，都必然以某种方式帮助到别人，因为这是宇宙的本质，也就是当你运用最高技能时，你自然会对别人产生贡献。当你为人们提供服务时，不管你做什么，都要尽力贡献你的天赋与技能，你的工作或服务自然会被需要，财富会流向你。即使一时之间你看不到做你喜欢的事如何为你赚更多的钱，也要相信你的心，遵循你的更高道途，因为最后，遵循更高的道途一定会比其他方式，让你拥有更多的财富与丰盛。

我做的每一件事都为宇宙增添美丽、和谐、秩序与光明

开悟来自学习把意识与觉知加诸你做的每一件事上，将你周围的能量带进更大的和谐、美丽与秩序中。从事人生志业会为你的开悟与灵性成长提供一个途径，因为当你爱你所做的事，你会自然地把注意力与觉知放进你的活动中。

你的内在透过你的感觉、想象、渴望与梦想对你说话，它借由引导并安排你遇见你所喜欢的事，为你揭露你的人生志业。人生志业会是你思之念之、感觉相关、熟悉或已经在做的事。它可能是你休闲时的娱乐，或是你告诉自己只要有更多时间与财富，就一定会做的事。你的人生志业必然包含你对人类、动物、植物或地球本身要做出的贡献。

人生志业也可能透过你对理想人生的美梦与幻想来显示。你可能梦想生活在大自然中、环游全世界、写一本书、创作音乐或艺术、成为运动选手、建立自己的家庭或开班

授课；你可能想经营自己的事业，或成为咨询顾问。你最深的渴望与梦想来自你的内在。内在并不受限于你现有的身份，它能看见你的更大画面，并且明白对你而言此生可以完成什么。透过你对理想生活的梦想，它为你展现你的潜能与方向。不要认为你的梦想不切实际而轻言放弃，尊重它们是来自你存在最深处的讯息，为你带来你可以做的事与可选择的方向。

你的人生志业或许尚未存在于现存的任何行业中，它可能是一个需要你去开创的工作类型。人类正在经历意识的转变，需要更多新的形式将这种更高的意识落实到位。旧有的形式在改变，成千上万的人将更换工作并开始新的生涯规划。你现在在这里出现，是为了要协助建立新的工作与结构，来支持这个新的意识。要靠你来认出这些新机会，感知需求在哪里，并且创造能够满足这些需求的形式。当这种新的意识传播开来，你会感觉有愈来愈强烈的冲动，去从事那些能带给你与人们力量，挑战你的成长，并提供你机会将你周围的能量带进更高秩序的工作。

我掌握我的命运，我建构我的人生

你可能感觉到一种内在冲动，想改变你现在所做的事，去做更有意义的工作。你们有很多人长期待在满足感很低的地方工作。你或许一直在换工作，或者在某个工作岗位服务多年，却老是感觉少了些什么。你也许总想着要创造自己的事业，即使一直在为别人工作。你也许发现自己经常向公司建议事情应该怎么做会更好，不断想办法改进自己的工作。

你也许经常听见内在低语说着，是时候尝试新的事物了。你可能发现自己在想"我希望我做的是更好的工作"或"我希望我的工作更有意义"。以前你喜欢的工作，现在可能变成毫无乐趣可言的例行公事，或者你只是因为需要钱而工作，所以过去做它很轻松，如今却变得难熬或无聊。如果你听见任何类似这样的内在讯息，就是你该重新检视你的道路的时候了。

为了开创你的人生志业，你不要觉得除了现在你在做的事之外，你必须或应该去做什么其他的事。强迫或太敦促自己，通常只会造成抗拒而非前进。你不需要全然改变生活，你可以逐步开创你的人生志业，一次前进一步。

此刻你在做的事便含藏你的人生志业的种子。你可以追求的是更常去表达你的特殊技能，更经常地在现在也或许在未来，用上它们来供给你的生活。当你愈来愈常去做你喜爱的事，你将以最高的形式创造富足——一个实现抱负、活力充沛、幸福快乐与充满爱的人生。

做你喜爱的事，财富会自然涌向你

◎ 练习：为人生志业的象征灌注能量

你可以吸引你的人生志业，方法是为它创造一个象征，并为这个象征灌注能量。象征是很有力量的，它们能绕过你的思想与信念系统并代表内在的纯净能量。

◎ 准备

找一个你可以有几分钟放松且不受干扰的时间与地方，用第一章的练习"学习放松"来放松并预备自己。

◎ 步骤

1. 找一段你能独处的时间，闭上眼睛安静坐着。请求你的内在给你一个象征，代表一条最光明的道路——你的人生志业。留意任何闪进心中的画面，它是此刻灌注能量最完美的象征。想象你把这个象征握在手上，看见来自内在的能量直接注入你的象征，为它注满能量。想象你把这个象征放在一座山的山顶上，观想一条道路联结你与山顶上的象征。然后，看见你沿着这条道路愉快地走，一路手舞足蹈地向上前进，把你全部的注意力放在要抵达山顶的这个过程。

2. 当你到达山顶时，恭喜自己能一心一意地专注于目标，并且这么容易地到达山顶。放开你的知觉，去感受生命中的每一件事都顺心如意，你在一个全然滋养你的环境中，充满活力，发挥最高潜力。拿起你的象征，把它放在手上，接着把它放进心里，让它的能量与散发的光流灌你的全身，直到你的每一个细胞都对准你的更高目的与人生志业。把这个象征交给宇宙的更高力量，让象征充满能量。

3. 当你运作你的象征，你会吸引一些特定的点子，让你知道你能做些什么去完成你的人生志业。这个练习会为你吸引环境、人与事件，让你开始你的道路。你的意图很重要，你的承诺也很重要。你的意图愈强大，你愈相信你的人生志业存在，当你倾听内在指引并依据它行动，你将体验愈大的成功。

第十三章
发现你的人生志业

有一种发现人生志业的方式是观察你爱做什么,以及什么是你做起来很自然的事。留意那些你喜欢的技能,你的人生志业将与运用那些技能有关。一旦你认出它们,你可以专注于运用它们,并吸引机会让你透过这些技能赚钱支持你的生活。你也可以找到方法,在其他的生活领域运用它们,把你所有的活动都变成人生志业的展现。

每一件你喜欢做的事,工作、嗜好与活动,都包含特殊的技能。你可以透过问自己问题来发现那些技能。工作时你最喜欢做哪些事?你的嗜好是什么?你喜欢参加什么样的社区活动?日常生活中哪些活动带给你喜悦与活力?你对歌唱、舞蹈或艺术感兴趣吗?你对写作、咨询或身体治疗工作感兴趣吗?你最喜欢做什么?疗愈、辅助、教导、激励别人？协商、管理、组织、领导、人际网络，还是其他？你被商业技巧、金钱管理、艺术创作或科学研究所吸引吗？你想发展的是创意、想象力还是观察与归纳的能力？你喜欢操作设备、电脑、机械，还是喜欢运用数字、统计或研究结果？你喜欢能发挥创意的工作，还是直接明确与逻辑性的工作？你喜欢动手操作还是用声音工作？你喜欢与人们面对面沟通，还是透过电话说话？花一点时间安静下来，问自己什么是你最喜欢运用的技能与自然表现的天赋。

举个例子，有位女士发现她把所有的闲暇时间，都花在帮朋友剪头发与改善外形上。她很喜欢动手的工作，喜欢与人们在一起。有一天她生起一个念头，她的人生志业可以是改善人们的外表，如此帮助人们对自己感觉更好。于是她利用下班时间去美容学校的夜间部进修。最后，她辞掉工作开设自己的美发沙龙，而且经营得很成功。

我尊重并运用我的特殊才华与能力

也许你有一项最高的技能是咨询，你也许很有能力帮助别人发现问题的解决之道与看见新愿景。你可以找到方法把这个能力用在你的工作上，而让现在的你，能更全然地做你的人生志业。或者，这些才华会引导你到某个咨询领域，让它成为你的全职工作。你愈有机会做你喜爱做的事，就愈能对世界做出你想要做的贡献，而你吸引的丰盛就愈大。

有一位很爱狗的女士，她照顾狗的能力，让很多朋友在外出时喜欢把狗寄养在她家。她明白她喜欢运用这些与狗互动的能力胜于其他才能，所以她开始投入宠物美容与寄养的事业。她了解自己还有另一项天赋，那就是帮助人们与他们的毛小孩发展更好的关系，她发现有很多机会可以这么做。因为她热爱她的工作并运用她的较高天赋，她把光带进了许多人与宠物的生命里，也让自己享有丰厚的生活。

人生志业的种子蕴藏在你现在正在做的事情当中。你可能已经发现，你的每一份新工作，都用上许多过去培养的能力，仿佛每一份工作都在预备你的下一份工作。每一个你因为喜欢而获得的技能，对于你遵循更高的道途而言都很重要。你或许不明白自己为何会接受某一份工作或开发某种特殊天赋或能力,然而你学会的技能对你而言都有很大的价值。要相信你正在做的事正在帮助你培养能力,在你实现更大的人生志业时派上用场。

以杜恩为例,他发现他在地质学上的工作经验,虽然在形式上与他疗愈人们的道路不同,却用上许多相同的技能。作为一名地质学家,他经常搭飞机旅行各地,观察地球的活动与预测地震带的范围。这个工作需要用眼睛分辨与解读地形结构的细节,以及过滤资料,分辨哪些重要、哪些是无意义的。这是需要相当的练习,才能开发的技能。有趣的是,这项技能的本质与他用心灵观察人们的能量场是类似的,后者也需要辨认与诠释能量图案的细节,并区分哪些是重要的、哪些是无关紧要的资讯。

你正在学习将来可做不同运用的技能。萨娜娅以前总爱花几小时的时间编织或刺绣,后来才明白这些嗜好培养了她平静心思、达到放松冥想状态的能力。现在,她把这些技能用在她的咨询上。

我向内而非向外观照，发现我的人生志业

你无法光是看着世界，问："我能为世界做什么？"就能想出你的生命目的是什么。你要看着自己，问："什么是我想做的，我喜爱的事？什么事吸引我？什么会让我觉得兴奋？什么是我的生命要处理的议题？做什么能让我很有热忱？"

有一位男士就是想要开一家零售商店，虽然他没有任何经验。他选择开店的方式是观察什么店经营得不错，而不是他对卖什么产品感兴趣。结果他开了一家冰激凌店，即使他对冰激凌一窍不通也没有兴趣。经营这家店对他而言一点都不开心，他完全无法吸引顾客，即使工作时间很长，也难以维持损益平衡。他最后想到要求内在指引告诉他如何改善生意，他得到的讯息是他必须卖他感兴趣的东西。

他开始检视他的生活，观察他有兴趣与熟悉的事情是什么。他发现自己很爱跑步，并且一直对运动很着迷。他想起他在找慢跑鞋与其他装备时总是遇上许多麻烦，需要跑好多家店才能买到想要的东西。于是他决定开一家跑步用品专

卖店，并且在他卖掉冰激凌店之后就这么做了。当时他并不知道慢跑的风气正要开始盛行。结果他的店经营得很成功，而且他热爱他的工作。

我珍贵的技能与天赋是我拥有的财富

你有很多技能与天赋，你过去的经验与知识是惊人的财富。回想你上过的学校、工作坊与课程，你读过的书、听过的广播、看过的视频以及参加过的教育学程，你可以从中认出一些你的知识或技能。当你评估你拥有的技能，要想起你曾经做过的所有工作，即便是一些志愿性的服务，例如在孩子的学校帮忙或在教堂当义工，以及你在课后与暑期参加过的活动。

你喜欢打理家务、在委员会工作、筹募基金或组织团队并为他们协调工作计划吗？检视你的嗜好，你加入过桥牌社或运动性质的社团吗？你喜欢戏剧、歌剧、芭蕾或交响乐吗？你喜欢艺术与手工艺品吗？你喜欢自己动手建造东西、写诗或讲故事吗？你拥有丰富而多元的技能，也许比你注意到的多得多。

在检视你想要使用的技能之后,再来看看你的梦想。你对梦想知道得愈详尽,愈能吸引你想要的。当你检视你的理想生活的美梦、那些吸引你去做的事,以及你想相处的人与环境,你在定义你的人生志业的元素。你的梦想是心智的模型,如同建筑师的蓝图,它会协助你的内在到外面的世界去为你带回一条更高的道路。

我现在就拥有理想的生活

你的梦想生活有可能看起来不切实际或赚不了钱,它们也许太庞大、太遥远,你完全看不到实现的可能性。也许看起来你得先有一笔钱才能实现它。也许你认为你必须先做不喜欢的工作来赚钱,等钱存够了才能做自己喜欢的事。有些人会说:"我会先做这个工作,直到我有钱了才能去做我想做的事。"然而他们经常没有得到他们认为需要的钱,反而把他们的一生花在不喜欢的工作上。

直接去做你想做的事!做你爱做的事会让你的生活过得

好很多，同时财富也会因此而来，而且通常会来得更多。如果你想环游世界，你可以从一份旅游规划的工作开始做起，像是航空公司或旅行社。这样你会感觉很有活力、很充实，并对丰盛有更大的磁性吸力。什么是你的梦想？花时间碰触你的梦想。

你梦想在什么环境工作？你希望在户外与大自然与动物在一起，还是喜欢在室内与人或设备一起工作。决定你喜欢工作的国家与县市，是在城市或是乡间让你更有活力？你喜欢坐办公室、开卡车、在建筑工地、船上、飞机上，定点还是在不同地方游走的工作？你想要的工作环境看起来如何？想想你喜欢与什么样的人相处，与他们建立什么关系？成为他们的老板、同事，还是员工？你喜欢与年轻、年长还是同龄的人在一起？你喜欢与一大群人、少数人一起工作，还是独立工作？

你曾梦想在医药、营养、运动、政治、科学或教育界工作吗？你的梦想正在提供你，关于你可以在哪里发现人生志业的线索。留意那些令你关心的议题，像是世界和平、动物权利、环保议题、游民、国际事务、太空探险或其他。你可以在体能、心智与情绪各方面，为你的工作设定适当的挑战。你喜欢体能活跃的工作吗？你喜欢忙碌活跃，还是安静平和的步调，哪一种会让你更有活力？具体清晰地描述你想要的事物，因为你会得到它。

有一位女士在杂志里找到一张照片，无论是盆栽摆设、墙上挂的艺术品到桌上摆的蓝色打字机，都是她喜爱的办公环境。她把那张照片剪下来挂在墙上，持续观想自己在那样的环境工作。几年后，她辞掉工作到另一家公司应征，令她惊讶的是，当她走进办公室，发现这家公司几乎与她在墙上挂的照片一模一样，只差桌上的打字机是黄色而不是蓝色的。后来她得到那份工作，当她在办公桌前坐下时，同事告诉她，公司帮她订了新的打字机——一台蓝色的打字机！可惜她忘了去想象她想与什么样的人共事，愿意担任什么层级的责任，有什么进步的机会与其他细节。几个月后，就因为这份工作不符合她深层的需要而离开了。

我知道我喜爱什么，我做我喜爱的事

厘清什么是你喜爱的工作环境。有些人适合在公司服务，领取固定薪水或佣金；有些人喜欢经营自己的事业。你可能喜欢待在大企业里，还可能偏爱在小公司服务。你能拥有想要的一切，你需要的是决定你要什么。

如果你有昔日的工作经验，回想一下你喜欢与同事在一起做团队工作吗？还是喜欢独立作业？你们有些人喜欢共同承担风险，有些人喜欢自己做所有重要的决策。你可以决定只为一个老板工作，或是做同时拥有数名雇主的工作。

你梦想的月收入是多少钱？你愿意负担什么层级的责任？你也许梦想在大型组织工作，并且被赋予愈来愈大的领导责任。思考你想在工作中获得的安全保障、工作地位与发展机会。如果你想在工作上获得名声，把这个想法纳入你的梦想；如果你想要有很大的自主与自由，把这个也列入要求。问自己能否在内容明确、架构清楚的工作上发展，或者你想要的是不断变化、多彩多姿的工作环境。

我让我的思考与梦想天马行空，无拘无束

如果你能做任何想做的事，你会怎么过你的日子？如果你能有几个月的时间过你的理想生活，它会是什么样子？你会一周花三四天在一项工作上，然后在其他时间做别的事吗？你会同时进行好几个计划，还是一次只专注于一件事呢？你会想在一个月里密集地做某一件事，然后在下一个月做不同的事吗？花时间做做白日梦，天马行空地想想你的理想生活。

不要限制你的梦想。如果你发现自己在说："这很好，但我会不会要求太多？"立刻停下这个念头。要求吧！这是你做无限思考的时间。不必感觉你的梦想必须立刻实现；创造它们的第一步是在心中想象。你的思想是真实的，当你具体知道自己想要什么，你的内在就会立刻出发为你创造它。你不需要知道它何时或如何来到，你只需要清楚自己要什么，并勇于做更大的梦。

要求你想要的，无论它看起来多么不切实际或难以置信。你的内在会到外在世界开始为你带回你的期望。当你允

许自己做梦,你在创造一个新的实相。

◎ 游戏清单:发现你的人生志业

想象你活出了一个真正充满喜悦与爱的人生,你会如何回答以下问题?(记住,这是你梦想中的美妙人生。尽量发挥你的想象力)

1. 你会做哪些活动或运用哪些技能,例如阅读、谈话、协商、咨询、思考、写作、组织还是管理?你会与孩子们一起工作、跑步或参加运动比赛、创作、建造东西或修理机械设备吗?你会从事与植物、动物有关的工作,还是处理资讯?至少列出五项,愈多愈好。

2. 你一星期花多少时间在赚钱的活动上?什么时段工作?每周或每个月工作几天?

3. 你做的是消耗体能、步调快速的工作,还是在舒缓、放松的气氛中工作?

4. 你每天与相同的人一起工作吗?他们是什么样的人?

你在他们之中扮演什么角色？你有多少独自工作的时间？

5. 你的工作环境看起来如何？在室内还是室外？在家，还是在某个中心或办公室？需要旅行吗？如果是，多频繁与去哪些地方？在城市还是在乡间？

6. 你的职位或你扮演的角色是什么？你的责任是什么？有什么进步或发展的机会？你是团队的一员吗？你为大企业、小公司还是为你自己工作？你为雇主或集团工作，或者与许多客户依合约关系来工作？

当你想象这个让你喜悦的生活，继续修正并追加答案的细节，想出更多可能性与选择，想象你比之前所想的拥有得更多。当你专注于它，并取走你加诸可能性上的限制，你会发现你对于你想要什么会变得愈来愈清楚。你在创造一个与内在沟通的模型，告诉它你想要的理想生活。当你完成这些问题，你的内在已经开始在找方法为你带来你想要的理想人生，你准备好拥有它了吗？

第十四章
你拥有需要的一切

你可以透过培养内在力量以及成功地实现人生志业的必要资源，更快吸引你的人生志业。你不需要冒险或跨出不适合的大步。从一些小的步骤与开发你的内在资源开始，你做的每一个行动都会是轻易的下一步。每次踏出一小步，你会发现梦想在你伸手可及之处，比想象中更容易达成。

一切答案在我心中，我遵循内在的智慧

做你的人生志业，需要你有聆听与遵循内在智慧的能力。你需要为自己做主，而非让别人为你做主，决定什么对你而言是好的。开创人生志业是一个发现自己的过程。你可以透过向内探索而非向外寻找来达成它。你们很多人认为

别人才有答案，特别在你不熟悉的领域。有时候听从外在权威的经验之谈有其必要，例如你刚踏进一个新领域，需要相关知识的时候。然而，在你搜集别人的智慧与学问之后，还是要靠你自己的智慧做决定。你也许认为别人比你更了解你的生涯方向、做什么投资或什么对你有用，等等，但其实你才是那个最有力量决定你的命运的人。

为了开创人生志业，你必须学习解决你自己的问题，然而你却称它为"挑战"或"成长机会"。寻求外在指引很好，然而务必依循你的心并遵循你的直觉做最终的决定。当你执行你的人生志业，你一天一天地开创你的道路，没有人会为你建构它或为你画好蓝图。你掌握你的生命，明白你为你的命运负责。当你投入人生志业，你坚持成为你自己生活的建造者。你设计你的未来，你对机会保持警觉，明白什么时候该行动，什么时候不然。你现在就可以开始踏出小的步伐这么做。

无论你现在做什么工作，花时间思考你的生活，并寻找有创意的方式去解决你的问题。发现你自己的答案。当你培养创意思考的能力，你会发现更有效率的工作方式，获得更大的成功。你可以从解决一些简单的问题开始，培养创意思考的能力，例如缩短你在厨房做饭的时间，让你有时间参加其他的活动。你也许可以一次做更大的分量，把多余的食物冷冻起来，以后再吃。

当你思考运用一些小妙方增加生活的和谐与流动，你是在培养自己运用创意解决问题的能力。如此当你在人生道路上遇到挑战，你就有必要的能力可以发挥创意处理与解决问题了。让你自己成为提供解决方案的资源，与其忍受恶劣的情况，不如找寻改善的办法。

我是一个有价值的人，我的人生道路十分重要

你们有些人对于完成自己的人生志业有困难，因为你太忙于支持别人的工作或事业。你可能放下自己的志业，直到你想帮的人都成功了为止。帮助别人推广他们的工作，成为别人的团队成员，可能很重要。但你会知道这个角色是不是你的志业，如果是，它会让你感到喜悦，你的心里会很舒服。如果你是出于责任与义务而帮忙，不是出于喜悦，

那就需要再次确认它是否真的是你想做的事。

你们有些人支持别人,是因为你觉得你的道路、想法或创意不够重要,不需要你投注心力去发展。你的人生志业与别人的一样珍贵,即使它看起来微不足道。即使别人有更显赫的头衔,赚更多钱或更有群众魅力,也不会让他们的道路,比你的更重要或不如你,你要在这里做出的贡献与其他人的同等重要,它可以是你尽力以最好的方式教养孩子,以工作服务社会,或是疗愈及帮助他人。

现在,花一些时间问问你内在那个擅长帮助别人的部分,是否愿意花能量帮助你发现并实现你自己的人生志业,通常它会非常乐意被要求来协助你。

我珍惜我的时间与能量

你们有些人需要培养自己尊重你的时间与能量的能力。你可能是天生的咨询师、老师或治疗师,然而却落得付出比你愿意的更多时间,帮助朋友家人解决问题,你可能要花好几个小时的时间跟他们讲电话或面谈,让他们得到你的爱与肯定。你会很想跳进去告诉他们该怎么做,甚至帮他们做。花时间照顾别人如果让你感到喜悦,当然很好,因为那可能就是你的人生志业。然而,有很多人帮助别人是出于责任而非喜悦。你也许认为把时间与能量用在自己的生活上是一种自私。你的道路很重要,它的开展,需要你投入时间与能量。

想想那些花了你很多能量的朋友,他们真的有所成长并用上你的帮忙吗?还是他们仍在原地踏步,毫无长进?在帮助他们之后,你感觉精疲力竭还是精力充沛?如果你感到精疲力竭或他们并没有在生活上发生实质的改变,那么他们便没有用上你的帮忙。如果你把所有的时间都用在对朋友提供建议或咨询上,也许你的人生志业就是为人们提供咨询。你可以探索一些途径,想办法把它变成你的专业。如此,你会联结那些准备好要成长的人前来寻求你的帮忙。帮助他们会让你充满能量,而你的协助也会真的改变他们的生活。

我的道路与人生志业是我的最高目标

你们很多人忙于许多琐事,却没有时间开创人生志业;把忙碌与执行更高目的混为一谈。你可能有堆积如山的杂务要做,东奔西跑,一刻不得闲。如果你想完成你的人生志业,你需要花时间开始进行。你们有些人说:"等我做完这些杂事、家务与文书工作,等等,之后,就会去做那些重要的事。"一天过完,你可能已经太累或没有时间了。

每一天,优先去做那些让你更接近人生志业的活动或尽早做它。在你起床时,花五分钟想想你的更高道途。问自己:"有什么是我今天可以采取的行动,让我更接近我的人生志业?"或者,"什么是我今天能做的最重要的事?"优先做它,在开始其他事情之前先完成它。它可能是一件极简单的事,比如,打一通电话、找一本你有兴趣的书或打点家里的空间腾出地方做一个特别的活动。如果每一天,你的第一件专注与完成的事就是能帮助你达成梦想的事,你会对接下来的生活变化感到惊讶。

开创人生志业很重要的一个法则是适当的时机,所谓

"合乎时宜的想法"。从现在开始确认自己会在对的时间出现在对的地方。在心里保持这个想法，信任你的喜悦或抗拒正在帮助你创造这个实相。

举个例子，有一位女士正在努力写一本书，她每天强迫自己花一两个钟头写作，但总是缺乏灵感，最后只好放弃。两年过去了，其间她偶尔能坐下来写书，但还是无法持续。她一直觉得很自责，认为自己是个失败者，因为缺乏写作需要的纪律。

她的工作让她可以接触很多病人，于是她开始与他们在一起，教导她知道的灵性法则。许多人开始好转或找到他们寻找已久的内在平静。愈来愈多人来找她，于是她决定开始教课。她会录下她的谈话，由于想听她上课的人太多，她索性把录音内容写成书面资料，装订成学习手册送给学生。而后她的学生开始分享这些资料，而她也发现自己不断在复印更多资料来应付愈加庞大的需求。

有一天，一家大出版公司的编辑打电话给她，因为有朋友送给他一份手稿，而这位编辑有意出版。结果因为那段时间这类题材十分热门，所以她的书卖得很好。当她回顾最早她想要写书的意图时，她了解到，在她完成她的书之前，她还有许多学习与成长要经历。她也明白那时候的时机并不成熟，如果她想尽办法在那个时候把书出版，恐怕也不会是一本成功的书。

当你进行一项计划，记住，你的更高指引总是会帮助你在最好的时间点完成它。不管你在做什么，倘若你一直感觉抗拒与挣扎，那么问题不是出在这个计划上，就是出在时机上。你可能需要先做其他事，再回过头来完成它。你可以暂时把能量投注在别的地方，跟着你的喜悦走。

你可能思考了好几个月想要改变，但却不知该做什么，或觉得自己没有什么选择可以离开现况。或许你知道自己喜欢什么，却觉得它太花钱，或要你做超过你现有能力与资源的事。爱自己，即使你还无法采取任何行动。记住，在真正的改变发生之前，你会有一段内在工作要做。你也许正在改变你的想法，重新评估你的生活，从新的角度观察事情并凝聚改变所需的能量。你想做的外在改变愈大，你需要完成的内在改变就愈大。

我接受并喜爱现在的自己

学习去爱与接受现在的你,爱每一件你创造的事。你不需要在从事人生志业之前就变得很完美;完成你的人生志业会帮助你成长与进化。当你喜爱并接受此刻的你,你就可能踏上新的方向。你一直都在尽你所能地做你知道最好的事。开始欣赏自己,而非希望自己是别的样子,这会帮助你更容易向前迈进。近来有任何你不断批判自己的事吗?如果有,观察自己一天,每当你想起这件事,看看你能不能送出一个感谢来替代,用发出一个针对你曾经做过的所有好事的谢谢,来取代这个批判。

你们很多人有一种内在感受,觉得自己此生有很多事要完成。像是你有某种使命感。你也许担心自己还没有找到它。信任你所做的每一件事,都为你开展更大的工作奠定基础。有些人的人生志业完成得很早;有些人则需要经年累月地累积知识与经验,最重要的工作到晚年才开始。如果你的内在感觉是你有重要的工作要完成,而你还没有发现它的形式,继续遵循你的内在指引,选择做那些让你喜悦的事,它们会带领你抵达你将完成的伟大贡献。

与其严厉地责备自己没有完成更多，不如花时间恭喜庆贺自己已经走了多远与完成了多少事。给自己理由，感觉此时此地已经很完美，不要怪自己没能做得更多。专注于你现在正在进行与学习的事，它们正在预备你未来会拥有更多。培养正向对自己说话的能力，它帮助你发展内在的力量与信任，以采取踏上人生道途时必须采取的行动。

花时间去发掘并做你乐在其中的事，从一些你喜爱的小事开始，例如为孩子烤饼干，等等，经常这么做。一位喜欢烤饼干的女士，现在拥有成功的烘焙连锁事业；一位喜欢安排晚宴的女士，最后开始了一个协助忙碌企业家规划晚宴的事业；一位喜欢动手在工作室敲敲打打制造东西的男士，开始了一个制作单一品项、仅此一件的手工家具事业，结果非常成功。

如果你想把喜爱做的事变成维持生活的工作，可以借由收费把它们与赚钱连在一起。当你为你喜爱做的事收取金钱，你把丰盛与运用你的特殊天赋连在一起，这对你的潜意识是个美妙的讯息，代表你的时间、能量与技能是有价值的。你们有些人只有在做不喜欢的事时接受财富,但对于贡献你的特殊天赋与提供服务收钱却有罪恶感。这么做,你在告诉自己,只有做不喜欢的事才能赚钱,以及你不可能做你喜爱做的事维持生活。尽管一开始你也许想用不收费来换取经验,然而如果你想用你的特殊天分与技能开始一份事业,你终究要收取费用。你若不收费,你会减少你运用天赋的时间(除非你另有财务支援),因而更无法投入你要来这里成就的事。即使开始时只收少许的钱,它也是一个给自己的正面讯息,表示你现在正在把你的人生志业与丰盛连在一块儿。

不要一开始就担心你的技能是否能为你赚取生活所需,是否要在培养能力的阶段收取比同业更低的费用?或者你会不会入不敷出。你不需要一开始就靠这份技能过生活或赚大钱。只要用行动支持这个新的信念——做你喜爱的事来赚钱是一件公平的能量交换,这样就好。会有这么一个时间点,你的收费与你的服务价值会与你的生活所需达成平衡。当你愈有经验并学会尊重自己的志业,你会发现人们也会愈来愈尊重你日益提升的价值。

观察你自然地想把时间花在哪里，用来做什么。有位大学刚毕业的男士，因为感受父母希望他去工作的压力，所以找了一份办公室的工作。他希望发现他的人生志业，而他明白办公室的工作不是他的志业所在。他开始观察他喜欢把时间与能量投入在哪里。他发现他在下班之后，总是迫不及待地去参加运动课程。于是他决定成为一位运动物理治疗师，设计运动来治疗人们的身体问题并帮助人们瘦身。他注册了课程，并把他的工作转为兼职。他又回到了学校上课，却感觉充实快乐多了，即使兼差的工作也变得有趣起来，因为他知道那可以支付学校的学费。跟着你的兴趣走，你感觉充满热忱的事，会引领你找到你的人生志业。

有位女士很喜欢美丽的毛巾、床单、桌布与款式特殊的浴室以及寝室的饰品。她经常到处逛街收集图样造型特别的东西，有时候甚至到国外采购。有一天，一个念头闪进她的脑海，她想要开一间自己的店，因为她从经验中知道，目前没有任何一家店，销售像她发现的那么多美丽与不常见的商品。于是她开了一家很成功的小型零售商店，而后被整合成一家网购公司，专门服务像她一样喜欢买一些与众不同又很难找的特别物件的人。你可以把你喜欢做的活动变成一门成功的事业。很多人都这么做。

我尊重并珍惜我的创意与想法

如果你对于自己的人生有想做的事,但是觉得它们还不够好,那么在生活中找一件你觉得有价值的事,开始加倍珍惜它。如果你觉得你很有帮助别人或组织规划的能力,专注其上。学习珍惜你自己与你的天赋才华。把自己当成一个大人物,因为你的确是。从小地方珍惜你的道途与你爱做的事,从简单的事开始,例如给自己十分钟不会被干扰的静坐思考时间,或选择花少一点时间与人们聊天或做不喜欢的事,而利用那段时间为自己做一些特别的事。允许自己花更多时间在嗜好上,或买一样你需要的设备让你能更得心应手做它。这么做,你送出自己一个讯息,你的生活与工作很重要。

学习珍惜你的特殊才华。有一位男士发现他很容易为别人工作,却很难花时间为自己做什么。虽然他对自己想做的事有很好的想法，却老是被他的怀疑所破坏，而认为他喜爱的事并不值得花时间去做。对他而言，花一整个周末或晚上帮助别人很容易，花时间实现自己的梦想却很困难。

他决定开始珍惜自己的想法，从小地方开始肯定支持自己，花更多时间给自己。他喜欢教学，也很容易被大自然吸引，经常到户外散步并阅读许多关于花草树木的书籍。他喜欢在散步时辨认植物的种类，喜欢待在户外。他造访公园与城市的休闲管理部门，发现他家附近有一个国家公园提供导览的服务，于是他开始在周末加入导游义工。很快地，他发现自己几乎把所有的余暇时间都花在带领大人小孩儿的团体认识大自然。不久之后，有人聘请他去带领荒野健行的活动，还有很多人请他担任周末的导游。

他开始了解他可以透过从事喜爱的事接受金钱，从此他更尊重自己的时间。当他开始重视他对大自然的知识与对自然环境的喜爱，周遭的人也开始重视他。他找到许多机会，可以赚钱并支持自己做喜爱的事。后来，有一个儿童营地提供给他一个户外活动规划的全职工作。最后，他成了营地的主人。

有一位女士对于色彩研究很投入，不但广泛学习，也运用色彩来让自己保持身心愉快。她用和谐舒心的颜色重新装潢她的家，又定做了一个五颜六色的衣帽间，充满让她感觉愉快的颜色。她发现她的朋友经常向她征求关于房屋与衣服的颜色建议，也逐渐发现他们的问题占据她太多时间。于是她开始在一些小地方尊重自己，开始认为她的时间是宝贵的，她的知识是有用的。

虽然感觉很不好意思，但她鼓起勇气，建议那些向她征询意见的朋友，能与她订下正式的时间来做咨询，付一点钟点费，让她可以坐下来好好为他们工作，谈他们想做的事或帮他们找到解决的办法。她的朋友一开始感到讶异，但很快就了解到，当他们付钱，她会付出更大的专注并提供更好的建议。因为她开始尊重自己的天赋，最后她开创了一个全职的工作，并在服务中获得更多的技能、知识与训练。许多企业开始邀请她对办公室与旅馆的色调提供建议，而她也成为一名专业的色彩咨询师。

我是一个独特不凡的人

你们有些人没有投入人生志业，因为你害怕自己不足，或者技能不足，或者觉得别人有特别的东西可以贡献，而你没有。你被赋予你所拥有的天赋、欲望、技能与喜好，它们是你的人生道路的一部分，并且被这个世界所需要。还有更重要的工作正等着你对你的目的觉醒，并信任你自己。你的工作很重要，你的贡献是特别的并且有需要。

当你的怀疑生起，如果有内在的声音说你的技能与天赋不值得投入时间与能量，送爱给这些想法。不用对抗它们、说服它们或与之争论。告诉自己有这些想法没有关系。允许它们存在，但是在那些怀疑的想法旁边，放一个自信、正面的想法。

利用闲暇时间阅读或上课会预备你更大的成功。花时间与那些从事你想要做的事情的人相处，这是一个很棒的方式，能加速你在任何领域的成功。你可以报名他们的课程，找他们当你的老师、咨询师或顾问。读一读别人在你想要发展的领域的成功经验。让你的周围充满启发，并经常更新你的热忱。

举个例子，有一位男士想要成为地产开发商，虽然他在别的领域有工作。他开始参加那些开发商会参加的社区会议与联谊活动，听他们说话，与他们交朋友，并开始因为浸泡在那些环境中而获得更多能力与想法。最后，在一个会议上，他听到一个投资房地产的消息，那提供了一个绝佳的机会，让他开始投身这个领域。

当你让自己置身在那些做你想做的事而成功的人士周围，你拾取他们透过言语或心电感应表达的成功思维，如此加速发展你自己的成功意象。因为你的思想创造你的实相，你愈能发送自己成功地做你喜爱的事的画面，它会愈快成真。

我的生活充满乐趣与有意义的活动

你们很多人对人生志业裹足不前，认为达成它太难。你或许会在心中忖度做那些并非人生志业的工作要花费多少力气。然而这两者是没有办法比较的。做不适合你的事，即使很简单，也比你在人生志业的道路上可能碰到的庞大、复杂的工作，更花能量。当你执行你的人生志业，宇宙会帮助你；门会开启，机会会降临，你会顺着能量流动而非违逆它。

人生志业的追求在某种程度上就像经营亲密关系，成功需要坚持与投入，以及臣服顺随的能力。你们有些人认为一旦投入人生志业，生活将不再有趣，因为你必须负责，必须认真。你不需要变得很严肃或停止在生活中追求乐趣来投入你的人生志业。事实上，你会发现假如你没有投入人生志业，生活才会变得无趣。一旦你从事人生志业，你的日子会充满乐趣，充满有意义与愉快的活动。

◎ 游戏清单：你拥有需要的一切

1. 什么样的内在资源与力量是你能开展的，以帮助你加速吸引你的人生志业？或者，如果你已经开始从事人生志业，你能培养什么内在资源与力量来帮助你更进一层？

2.下个星期,你可以踏出什么样的一步,更完全地展现那个内在资源或力量?

3.列出你目前喜欢的活动,愈多愈好。你可以把这个问题的答案对照第十三章的第一个问题。

在以上的活动中选一个,列出五个你能从这个喜爱的活动创造财富的办法。不要挑剔这些想法,保持创意。

第十五章
相信自己

为了开创你的人生志业,你必须相信自己,并对你的想法采取行动。如果你在等待朋友、丈夫或妻子、老板、员工或同事给你想要的一切,你是把力量交给了别人。例如,如果你等着你的老板把工作变成你喜欢的内容,或给你想要的晋升,你是陷自己于可能的失望中。你自己可以采取主动权,在符合公司的指导方针下,改变你的工作,提高生产力与改善绩效。下决心在你付出努力之后,如果工作仍然不能满足你的需要,你会去找到其他能满足你的。检视看看有没有其他的工作或选择,能够提供你想要的一切。

我允许自己成就一切的可能

你在等别人给你钱或为你决定你应该去念书、找工作或做你想做的改变吗？让自己过想要的生活，下决心采取行动迈向目标。不要等别人允许你辞掉工作，允许你做你喜爱的事。如果你放弃你的目标、梦想与活力，是为了与人们在一起，那么你并非真正帮助到他们。因为你会以某种方式要他们放弃同样的事。你唯一能够真正关爱与支持人们的方式，是支持他们的活力与成长，而做到这件事最好的方式，是支持你自己的活力与成长。允许你自己去做你喜爱与想做的事。

真正的爱是服务人们的内在，而非他们的人格。举个例子，有位男士不希望他的妻子出外工作，尽管他的妻子觉得工作带给她很多喜悦与活力。他认为他赚的钱就足以养家了，希望太太待在家处理家务与照顾家人。她在留在家里与外出工作之间拉扯不已，因为她总觉得她是不得不留在家庭中照顾家人。她开始透过内在的眼睛来观察这个情况，她明白她服务的不是先生的内在，而是他的人格、他的小我。

她了解借由工作、借由成长，变得快乐，变得有活力，她会变得更强大，并且更能支持她的先生，即使他当下不明白。她了解在更深的层次，她能送给先生最大的礼物，就是成就一切的可能，如此让她的先生也能成就一切的可能。她了解，任何时候你拉着人不让其前进，你同样也在让自己向后退步。如此当她的先生试图阻止她前进，他也在某种层次上让自己退步了。所以她还是去工作了。

她的先生对这个决定很不高兴，大力反对，用很多理由劝阻她，处处妨碍她，经常抱怨并且丝毫不肯帮忙。她则不断提醒自己去服务他的内在，以及如果他们其中一人在人格的力量或更高目的有所突破，将帮助另一半也得到同样的开展。偶尔她也会觉得自己去工作很自私，然而学习带来的内在喜悦让她感觉很有活力，她明白她不可能牺牲这种活力，还能爱自己或丈夫。

最后，他们用她的收入偿还了部分债务，并且去度了一个他们渴望已久的假期。她的先生不再抱怨她的工作，甚至开始喜欢这个改变。因为他也开始能花钱去追求他一直想要的人生，而变得更有活力。几年之后，她的先生决定离开那个他不喜欢却做了很多年的工作,自行创业。虽然有些冒险,初期的时候也收入大减,但就是因为有了她的薪水,再加上贷款,他们得以承担这个风险去开始他的新生涯。妻子勇于追寻个人生涯,终于让先生也能有机会追求他的人生志业。她对生命活力的坚持,带给他们两人更多的活力。

我坚持自己的道路,我选择活力与成长

在你开始朝着活力与成长的方向前进时,你也许会碰到人们的抗拒。当你选择成长或改变,你身边亲近的人会倍感威胁,他们害怕失去你的爱。不要被他们的抗拒所胁迫,送给他们更多的爱与慈悲。

有时候有人反对你,反而是礼物。为了克服他们的抗拒,你会下更大的决心、激发更大的勇气,更加坚守你的道路。你也许注意到,当有人告诉你不能做某件事,反而让你更有决心去证明你可以。

如果有好心的朋友告诉你,某件事很困难或不可能达

成，明白他们只是反映你的内在疑虑，让你能更保持警觉并放下它们。当你处理他们的反对，实际上你处理的是你自己的怀疑与恐惧。如果你对你的道路很清楚，人们通常反射的会是你的自信。与其对他们的不信任感到愤怒，不如在心里感谢他们为你点出疑虑，帮助你强化你的决心与意志。

一对夫妻准备开一间餐厅，他们演练了所有的显化法则。他们加能量给代表人生志业的象征，遵循内在的指引，循序渐进采取步骤，非常笃定他们的方向就是开餐厅。他们用线圈吸引客户，想象餐厅的最佳地点，并且做了很多练习来释放阻挡他们创造富足繁荣的内在障碍。

所有的朋友都告诉他们那不容易，不可能成功。他们说开餐厅很少赚钱，失败率高，工作时间又长又辛苦。他们了解朋友们的劝告只是反映他们的内在疑虑，所以利用朋友的意见作为一种反馈，将它们视为自己需要释放内在恐惧与忧虑的指标。他们持续检视他们的内在讯息，而那始终指向开一间餐厅。

于是他们决定要开一间小餐厅，并且找到了一个很好的位置，然而洽谈买下这个地点的交易居然失败了，即使他们做了很多观想去想象他们拥有那栋建筑物,并肯定他们一定买得到。他们开始相信也许朋友的说法是对的,或者宇宙试图阻止他们。然而他们的内在讯息要他们继续尝试,所以他们继续寻找,结果发现了另一处地点,一个真正完美的地点。于是他们了解,他们是被保护的,所以先前的地方没有买成,因为那里根本不适合。

接下来一件又一件的好事不断。由于他们是那个区域同类型餐厅的第一家,因此赢得很多意料之外却大有帮助的宣传机会。餐厅的营运状况很好,三个月内就开始赚钱,于是他们雇用更多人手,不需要亲力亲为。他们赚的钱比想象的还多,更得到许多宝贵的生意经验。如此那位太太开始有时间生小孩儿,留在家中照顾孩子,这圆了她多年的梦想。

我遵从我的心

别让其他人对于你该做什么的想法,决定了你的工作。你也许想在音乐领域发展,但你的父母希望你做一位商业主管。明白他们是为了你好并希望你成功,然而只有你知道自己的道路。你的人生志业可能与人们对你的看法大不相同。重要的是，你要尊重你自己的方向。要成功，你必须爱你所做的事，而且只有你自己知道你爱什么。如果你违背内在的讯息，只为取悦他人而不在你喜欢的事情上追求成功，你将失去喜悦与活力。下决心做那些你感觉非做不可的事，即使你现在还不知道它如何为你带来金钱。只要是感觉对的，能尊重你的真诚并带给你喜悦的事，就去做。成功会在你遵从你的心时来到。

最好遵循你的内在智慧。如果事情的结果很好，你会知道那是你自己完成的，对自己有更大的信心与信任。如果结果不如预期，你也会得到很多知识与经验，在未来帮你做更好的选择。无论成与不成，遵循自己的内在智慧而非别人认为的应该，都会让你有更多收获。

我能拥有想要的一切

你没有理由对于梦想光说不练。你们有些人责怪别人让你无法圆梦，你也许说："我没有自由；我的先生或太太不让我这么做；或我有太多责任，还要照顾小孩或父母。"如果你总是告诉自己为什么无法得到你想要的事物，你将不会得到它。要开始告诉自己，你为什么可以拥有想要的一切。总是有你现在就能采取的行动，让你的梦想成真。你永远有选择，无论你感到多么困顿或陷入任何情况，总有办法解决。

花时间想想什么是你今生喜爱做的事，你正等待谁允许你这么做，或在你开始行动之前就帮你解决问题吗？若是如此，你愿意允许自己去做想做的事吗？现在就同意自己这么做吧！你因为生命中某人不支持你的梦想而退缩吗？发现人生志业，学习信任自己并依循内在讯息行动的过程，与执行这项志业同样重要。如果有人来到你身边给你一切，你将无法拥有靠自己完成的力量。你是这艘船的船长，你的成功操之在你。

我邀请并允许美好进入我的生命

为了让生活更美好，首先要相信有更好的事存在。很多人认为他们现在所拥有的是他们能创造的最好的一切，因而害怕改变。至少从相信情况会更好开始，你能拥有你想要的一切，在今生做你爱做的事。你的情况总有办法改变。花时间想出三个理由，说明你为什么可以拥有想要的一切。

你也许必须腾出时间去发展与运用你的更高技能。这意味你把时间花在唯有你能做的事情上，让别人协助你完成其他事。有位女士开了一家小公司，提供打字的服务，但是她没有时间如她所愿地扩展她的事业或服务客户。她太忙也太累，要兼顾生意与打字的工作，又要做家事、杂务、煮饭与其他的事。有一天，她了解她需要帮手，但雇人的薪资会让公司没有利润。后来她决定，在付钱请人打理家务的这段时间，她会运用更高的技能赚取至少两倍的钱。

跨出信心的一步，她雇了一个人来帮忙。这让她有充裕的时间组织她的事业，扩展客户并照顾他们的需要。过去她太劳累而无法真正服务客户或开发新生意，但现在她有时间了。人们注意到她优异的服务与心意，因此有很多新的推荐与再消费的客户。她不仅能服务更多人，赚更多的钱，还能提供一个管家的工作给需要与感激这份工作的人。

　　有些人担心自己年纪太大,不能转换跑道或开始人生志业。任何年龄永远不嫌迟。许多人在六十岁以后才建立他们的主要事业。有一位工作多年的女士,希望找到更有意义的工作,她已届退休之龄并在同一家公司待了很多年。虽然她的工作早就停止成长并且缺乏挑战性很久了,但她觉得自己可以再忍耐几年,然而又渴望能有更满意的工作。

　　她开始把焦点放在创造更高的目的上,每天对她的象征——一个光环,灌注能量。她开始正面思考,相信能找到更好的工作,即使那时候她还不知道如何能做到。那段时间,她开始与一位很棒的男士约会,一起去探索许多事。那位男士正好有一个他在退休之后,才因为兴趣而创立的公司,他也没有想到它会成长得那么快,而她的能力正好可以帮上他的事业。他不仅聘请她担任全职的工作,最后他们还结婚了。她得到了比要求更多的事。她热爱这份工作,她是团队的一员,工作很有挑战性并能学习新的技能。

◎ 游戏清单：相信自己

1.想象现在是十年之后的一天。一直以来，你允许自己成就一切的可能，你相信自己，你采取合宜的步骤去遵循你的更高道路。你对自己与生活的感觉如何？天马行空地想象你过去十年的成功。

2.想象在同样的十年间，你没有遵循自己的道路，不相信自己。你对生活的感觉又如何？

3.你会选择哪一条路呢？现在下决定。

第十六章
信任生命之流

你是否有个向来如意的工作、生涯或际遇已不再美好？或也许是你本来喜爱做的事，变成了一种"应该"或失去了新鲜感与活力。也许你的销售衰退或客户流失，或者你对以往感觉愉悦的事失去了热忱。无论你已到达什么层级的丰盛富足，都会有这么一刻，那个你心中的梦想或认为该去的地方，已经不符合现在的你。这种情况会发生在每个人身上，包括那些亿万富翁与那些不知道下一餐在哪里的人。

知道什么时候要改变方向很重要。没有一个工作、事业或活动会永远完美，除非你愿意不断更新。因为当你成长，你周围的事物也会需要更新。有时候，做个简单的改变就足够了；有时候，唯有你放下一切，重新开始一件完全不同的事，你才能晋升到下一个层次。

我顺随能量流动，明白每件事的发生都是为了带给我更高的益处

一切事物的创造都有自然的程序。首先是想法阶段，此时你心中充满点子、新的想法与改变的欲望，即使你还不知道创造的方法。其次是建构阶段，你看见执行点子的方法并开始行动。显化渴望的事会让人兴奋。接下来是事物的完成期，它是一个平整的阶段，这期间你的想法被执行，但不再扩展与成长。最后一个阶段是循环的结束，也是下一个周期的开始。你可能会对你建构的事物感到不满足，或许它已不足以承载你到达更新、更远大的目标。

你们许多人把最后的一个阶段视为衰退，事实上它是自然循环的出生、死亡与再生的一环。它代表旧有的正要离开，为新事物铺路。如果事情不再像往常顺遂，如果原来的工作不再让你快乐，或许你已经准备好扩展，并进入更高的层次。

你现在拥有的工作与你运用得当的技能,把你带到先前的目标。如果你现在要求的更多,想法更大、更扩展,你会需要新的载具带你到下一个目的地。同样的工作、想法、技能或态度,只能为你带来现有的一切,你需要发现新的思考或感受方式,新的观点、技能与计划,因为你正要准备开始一个新循环。你并非失败或退步,反之,将它视为你的成功,因为你已经准备好向前迈出新的一步。

除非为了你的更高益处,没有任何一条路会关闭或减速。如果遵循你的道路是一种挣扎或太困难,那么花些时间重新检视你正在做的事。也许还有更好的进行方式,或全然不同的事物正要出现。如果一条路显得困难重重,一定还有另一条你可以走的路,它握有比你现在所走的道路更多的活力与丰盛。

我对机会保持警觉,我充分利用每一个机会

记住,当前人类的进化之流是一趟不断变化的旅程,而环境也不断在改变。人们现在所渴望与感觉兴奋的事,甚至

不会与一年前相同。即使最完善的计划也要时时修正。你会需要记录并观察你心中的画面,是否仍与你的内在方向以及人类进化的方向一致。一架飞往目的地的飞机,必须经常调整路径以保持航道,你会发现你也必须时时更新你的作为,以契合人类的进程。

一旦你创造了什么,必须学习让它成长与进化。现在对你而言运作顺畅的情况,未经修正,可能未来无法运作。你现在感觉受指引的事,未必往后几个月或几年仍旧如此。你必须承担风险,尝试新活动,并与你的能量保持联结。如果你现在的工作不再让你感到喜悦,它是一个朕兆,代表你需要新事物。倘若真是这样,那么做些新的发展,会比停留在旧有途径带给你更大的丰盛。你总是不断改变与成长,对自己喜爱的事保持接触,你会吸引那些符合你是谁的新的工作形式来到你身边。

人生志业的开创,不来自那些将安全舒适置于成长之上的选择,它来自选择并采取行动,做那些帮助你抵达目的地的事。学习用爱拥抱挑战而非回避它们。从难度不大的事情开始,做一些带一点挑战的计划而非例行公事,或者学习一项新的技术。当你做那些让你达到目标的事，回报是巨大的，你会感到精力充沛，能量饱满。承受那些你感觉舒服的风险，一次提高一点。不需要采用那些你感觉极不舒服的步调，因为那不会是你的喜悦之道，然而务必提高你冒险的意愿，因为它将为你吸引更多。

我释放任何不能带给我更高益处的事物，也请它们离开我

你让旧有事物离开的方式，决定你在这个阶段承受多少痛苦与挣扎。有时候，你需要的就只是放下某个态度或信念；有时候，你必须放弃现有的工作，找一个新的。释放旧有事物是一种途径，借由腾出空间，你吸引新的事物进入你的生命。你可以喜悦地，心甘情愿地，有意识地，离开你创造的事物；也可以等待，直到情况到了非变不可的临界点，再"被迫"接受新想法。如果到了必须改变的时间，但你就是顽抗不愿放弃旧有的形式，你的内在将会帮你，它会创造一些情境，让那些老旧的模式失效。

你会在你获得想要事物的过程中，经历改变与成长。现在你的目标可能更大或有所变化，因此你创造的事物可能不再像从前那样具有挑战性。生命永远寻求更高的秩序，当你达成一个目标，通常你会寻找下一个。你们有些人会轻松自然地放手，在适当的时候实行新的想法，并放弃老旧模式。有些人则试图让旧有模式继续运行，为它们投入更多努力，直到自己能够下决心去看看新的形式与想法，才开始一个新的循环。所有生命的本质都是为了获得更多成长与活力。当你熟悉某个层次，你就准备好进入下一个阶段。

你可以决定你要承受多少不满与苦闷，才愿意回应你的内在讯息。你们有些人总是能创造自己想要的工作与生活，努力给自己充满活力的环境，在听见内在低语时就改变环境，轻易放下旧有的模式，拥抱出现的新方向。

有些人则不愿改变，直到感到强烈的不满或焦虑。如果你是属于后者，那么你的内在会在现有的工作或环境中，创造愈来愈多的问题、不舒服或内在抗拒，好让你注意到这项事实——改变必须发生。如果你不再喜欢你所做的事，不再因它成长或感觉活力。你要学习放下老旧的模式，想办法改变。

你的挑战是去爱，而非厌恶那些正要离开你的事。一旦你专注于你想要的、乐于拥有的事物，并朝它迈进，你会得到它。你愈不喜欢一件事，你愈容易深陷其中。你愈不喜欢你的事业，你也许会待得愈久。宇宙有一条法则是：生命中出现的每一个情境都在教导你如何去爱。你无法离开某件事，直到你爱它。你与你不喜欢的事会绑缚在一起。如果你厌恶一件事，你会一再吸引它，直到你爱它为止，即使那个人物或形式会变化。一旦你爱它，你就自由了。

我热爱并以我创造的每一件事物为荣

有位男士开始了自己的事业，一年后发现自己并不喜欢。他没有料到它需要那么长的工作时间、有很大的资金压力，同时他必须应对形形色色的人。他希望自己投身在别的事业。他开始逃避他的办公室，电话也不回；因为经营不善，债务也愈滚愈大。债务愈多，他对于事业与生活的选择就愈少。

有一天，一位朋友告诉他："你无法离开一件事，直到你爱它。"在绝望中，他决定试着去爱他的事业。他回了电话，花更多额外时间与客户相处，几天内把公司的环境整理得尽善尽美，并处理所有的资料记录，实行成本效益与节省时间的交易流程，等等。两个月之内，他的公司开始赚钱，一年内他就有了盈余，可以在别的领域开始新事业——一件他更喜欢的事。因为他爱他的第一个事业，把它做得很好并发展出优良的商誉，所以把公司卖了一个很好的价钱。

我能轻易地放下，信任若非有更好的事物进入我的生命，没有什么会离开

◎ 游戏清单：信任生命之流

1. 想想生活中的某个面向、工作或事业，有哪些是过去曾经非常顺利，但最近不但不如往昔，还正在脱序当中。

它可能包含衰退的生意或业绩、变成负担的职务、叫停的计划……如果你的生活中没有这些必须放手、离开或完成的事，你可以继续读下一章。

2. 当你开始这件事的时候，你的自我形象是什么？那个形象从那时起有了什么改变？你现在的目标变得更大或不同吗？你对自己持有什么新的愿景与新方向？

3. 什么是你的内在自我驱策你做的改变？它们可能以点子、梦境、想法或你喜欢的活动召唤你。

4. 在你收到这些新愿景与内驱力之后，有什么新的方向出现吗？你认为这些新方向可能在现有的结构下完成吗？或者你需要新的结构吗？

5. 选一个可能的新方向，想象现在是一年之后的今天。你发展了这个构想，依循它建构你的梦想，把它融入你的生活，并放掉其他有所冲突的方向。从这个未来的观点出发，说说你的生活如何美好，你有多么高兴自己注意到这个新方向并采取行动。

第十七章

踏上更高的道路

你也许到了那个需要做出选择和决定的时刻。如果现在是你改变旧生活、重建新生活的时刻,你会想仔细考虑最好的下一步。是该离开或转换原有的工作吗?要开始经营你的事业吗?要找份工作吗?还是回学校学习更多的知识与技能?

你不需要辞掉现有的工作,才能把你的新工作或想法推展到世界。当你开始对新的点子采取行动时,留在原来的地方,让它们有足够的时间发芽,并以它们的速度成长。维持现有的工作,直到你为新工作建立足以支持生活的稳固基础。就像盖一栋新房子,你会先待在旧家,直到新家盖好才搬进去。

不要把你的生活所需寄望在你正要开始的新方向。别让你的每月支出，在你开始新的道路时造成压力。反之，在你尽一切所能推动新想法时，找到其他方法取得足够的收入，让你的新道路尽可能的稳固。

如果你目前的工作无法满足你，改变它可能比离开更好。你们当中有很多人拥有良好的工作，如果你愿意改变态度或做一些调整，让工作更适合你，你会得到更大的满足。进入一份工作并发现一切美好的人并不多；你的部分的挑战在于如何让你的工作适合你。如果你抱怨你的工作，真正让你不快乐的是哪个部分？有些人离开一份好工作，只因为他们不喜欢雇主的某些行事，或某位同事，或是工作上的一些小地方。如果你感觉目前的工作有贡献、有意义并提供给你成长的机会，那么花些功夫让它变得更好是值得的。你不喜欢现在的工作并不表示它不能变成一份讨你喜欢的工作。

我借由改变自己而改变世界

借由改变你的内在，你可以改变许多你不喜欢的情况。

人们对待你的方式与降临你身边的机会，取决于你的态度、能量与爱。倘若你不觉得在工作上被滋养，可能是因为你也没有滋养自己。如果你觉得你不被你的雇主、同事或员工欣赏，可能因为你还没有学会欣赏自己。一旦你学会滋养与欣赏自己，你会发现人们也会这么做。在你辞职之前，看看你不喜欢的究竟是什么，问问自己这些经验是否正反映你对待自己的方式。如果你不改变引起这些状况的行为，你会在任何工作上创造类似的境遇。

如果你想得到什么，从付出开始。如果你想得到尊重，从尊重自己与尊重别人开始。如果你想改善工作待遇，不要问你的雇主能为你做什么，反之问自己："我能为我的职务贡献什么？"如果你在工作上尽力贡献最高与最好的一面，用良好的态度工作，做得比要求的更多，并在人们开口要求之前就预测并满足他们的需要，你在工作上的收获将会有戏剧化的改变。

那些服务他人并赚大钱的人，是用喜悦的态度工作，爱他们所做的事，并愿意投入更多时间关心客户福利的人。培养在任何环境尽力而为的特质，它将为你带来更大的丰盛。

有一位女士，她一开始很喜欢她在大公司的工作，但是后来她被庞大的工作量吓到了，变得讨厌那份工作。她打算辞职，并把工作的不快乐归咎给上司。她的上司很有智慧，请她列出所有的工作细项，看看她喜欢或不喜欢什么。当她开始评估自己的时间都做了些什么事，她了解到她把大部分的时间花在小事上，而不是她喜欢的较大或较有意义的工作。因为不想麻烦别人，她从不委托工作或请求帮忙，她发现她虽然责怪别人给她太多工作，然而她必须先学会滋养自己，才能接受别人给予的滋养。因此她决定改变。

她观察她喜欢与不喜欢的工作项目，了解到那些她不喜欢的工作，其实并没有用上她的较高技能，而且是可以交给那些认为它们是挑战并喜爱做这些事的人。当她放掉凡事亲力亲为的意图，并把焦点放在发挥她的更高能力上，她提出许多创意与改革的意见，这些对公司而言是更有价值的资产。她也开始爱上她的工作。当她滋养自己，她发现工作也开始滋养她。借由改变自己，她把讨厌的工作变成带来喜悦的工作。

如果你每天讨厌上班、不赞同公司的目标与理念、不想尽力做好工作、不喜欢工作内容或同事，那么你的工作并不能为你的生活带来贡献，该是你另谋他就的时候。要对自己诚实。你喜欢你工作的绝大部分但不喜欢它的某些部分吗？如果你每天上班，却想着有多么不喜欢这份工作，或者你的办公室里的问题大于你能解决的程度，那么你可能没有听从内在的指引，告诉你还有更好的事情等着你。许多人在他们的工作早已无法提供成长与活力之后的许多年，仍停留在原来的那个工作上，认为不可能有更好的事在等着他们。

我用爱与正面的态度做每一件事

无论你现在的工作是否完美，学习用爱与正面的态度去看待你做的事。如此，你会发现也许你可以在现在的公司创造更好的处境，或在其他地方发现更好的机会。每一个让你不舒服的情形，都在教导你必须学习的宝贵课题。如果你没有在目前的工作学会它们，你会在新工作创造类似的情况，来教导你相同的功课。

找出你不喜欢现有工作的地方，立刻开始调整它。明白当你能处理这个不舒服的状况,你将不再需要创造它。仔细观察你的工作,列出所有它送给你的礼物、教导你的功课,以及工作时你所运用的技能。当你能欣赏并喜爱你的现况,创造你的下一步很容易。

检视工作现况之后,也许你决定改变。你或许想在相同行业里换一家有更多成长机会的公司,或者你想一并转换行业。如果你现在没有工作,或许你决定要找份工作。如果你一直都在培养某种嗜好或兴趣,或许是时候将它们转变为事业。

你并不需要很努力去挣得你想要的工作,然而你必须清楚你要什么。当你送能量给代表人生志业的象征,并厘清完美工作的本质,你的内在会到外在世界去为你组合所有元件,带给你巧合、合适的人与机会,甚或就是那个你想要的工作本身。

我毫不费力地创造我想要的一切

如果你正在找工作,记住,世界上有很多好工作等着你。没有足够的好工作并非事实。真相是大部分的人不知道如何找到它们。在你清楚你要什么之后，最重要的是做能量工作，并观想你自己已经得到它，开始磁化吸引它。

你并不需要知道工作的职衔才能找到理想的工作。你能观察什么事你做来自然又容易，并为自己吸引那些让你能做你喜爱的事的工作。一旦你对于工作能为你带来什么有清楚的雏形，你就可以运作能量吸引它出现。你的内在会想办法发现它，带给你适当的工作职位。它可能是你从未想过或不知道的工作。

为了找到这个工作，注意你的直觉；保持静默，聆听内在的讯息。有些人忙着活动而没有花时间倾听内在讯息。你可以外出、看征才广告找工作，如此可能会很辛苦才找着新的工作。或者，你可以运作能量之后依从直觉，只有在有所指引时采取行动，以最轻易的方式找到理想的工作。在你运作能量磁化吸引工作之后，可能你的直觉还是告诉你，去职业介绍所登记或看看求才广告。若是这样，你照做将会有丰硕的成果，引领你得到想要的工作而非挫折。

有一位女士正在找工作，她很清楚她要的是什么——上班时间、工作形态、环境与共事的人。她对于没有努力找工作总是有罪恶感,但似乎内在有个声音一直要她不必出去找工作。于是她在现有的工作中待了更长的一段时间,并开始改变她的态度。她决定如果要继续留在相同的地方工作,她要保持振作并喜爱她做的事,即使之前觉得这份工作乏味无聊。

当她开始专注于喜悦,她对人们开始变得更有吸引力,好事开始出现在她其他的生活领域中。虽然她用心做着原来的工作,但一直留意她想要的新工作。有一天,一位久未碰面的老朋友约她吃午饭。虽然那天下午她有很多事要做,但是她的内在声音却要她去。结果,她的那位朋友有自己的事业,最近刚完成一位客户的工作,而这名客户正在物色某个职务的人选。那正是她梦寐以求的工作。于是她去见了那位朋友的客户,并得到了那份工作。

你也许决定开始自己的事业,不再为人工作。那个你想要的工作或许并不存在,直到你自己创造它。你们当中那些在事业领域拔尖的人,喜欢承担责任与做决定,想要保持很多的独立与自由,喜爱挑战与冒险,并享受独自的工作。

你开创资源、自我倚赖、身段柔软、个性果断、思考周密，能做范畴广泛的各种工作。你有许多不同的才华能用于管理、销售、会计、人员的招募与训练，以及建构组织，等等。你能投入并经营新的体系。你喜欢设定自己的愿景与方向，并享受某种程度的不确定感。

我值得这世间一切美好

如果你打算做自己的事业，本书的第一部分"创造财富"，有一些能量练习，教导你磁化吸引客户与机会，让你能服务更多的人。此外，我们鼓励你也去了解那些创造财富的人为法则。市面上有许多教导经营事业的好书，阅读因缘际会出现在你身边的相关书籍。

开始做自己的事业，需要你保持机警、专注与觉知。新的想法会快速涌现，需要你勇于尝新并用新的方式思考。即使你迫不及待地想实现目标，要记得，到达目的地只是一半的乐趣。享受这个建构时期，因为它是令人兴奋的冒险，引导你踏上崭新、充满成长与活力的道路。如果你对经营你的事业感兴趣，思考所有你会成功的理由。从你的人格特质、技能与动机开始。相信你自己，因为你能拥有想要的一切。

当你开始做你喜爱的事，你也许会发现，做你决定要做的工作，需要更多的知识或技能。你可能想去学校上课或接受进一步的教育，作为你踏上人生志业的下一步。不要预设你需要文凭或学位才能取得某个特定的工作。在你假设需要进修之前，探索一下在你选择的领域要找一份工作，是否情况真是如此。你也许会找到一个提供在职训练的工作。问自己读书与学习的过程是否会让你感到喜悦？或者完成学业后得到的工作看起来比较好，学校教育只是一种你必须忍受的过程？

如果到学校进修感觉不错，你喜欢这个想法，那么就适合这么做。如果你对学校不感兴趣，但上课似乎是你唯一能得到高薪工作的方法，那么你的人生志业并不需要你这么做。缺乏热忱是内在引导你到其他途径的方式。你可以开始去做你想做的事，不需要那张你以为必要的文凭。

记住，雇主想要的是有自觉、忠实、热忱并尽心投入工作的员工。好员工就像黄金，会被高度重视与珍惜。你的态度是你带进工作最重要的品质之一，它比证书或经验更重要。大部分的公司宁可雇用经验不足，但学习速度快与热情洋溢的人，而非受过高度训练但缺乏热忱的人。

如果你不想去学校进修，那么去联结你认为它会给你的本质，开始吸引它。举个例子，有一位女士想要成为医生，但又不想花费太多年在医学院的学业上。她开始去检视她想要的本质，她发现她希望能疗愈人们，于是她设定了一个代表这个本质的象征，开始用能量灌注这个象征。她遵循内在的指引，发现自己被身体工作所吸引。于是她开始上一些课程，她非常喜爱这些课程，所以几乎学习了各种不同领域她找得到的所有的课程。她与同业中最好的一些老师一起研习，几年后她开始执业，变得非常成功，带给她不断的成长。她与人们一起工作，帮助他们疗愈自己，她在工作上发现极大的乐趣。

如果你决定回学校读书是你的道路，你可能怀疑是否有金钱或时间这么做。有许多可取得的金钱资源帮助你接受进一步的教育，但多数人不知道或不愿意花时间找到这些资源。花些时间吸引这笔钱，然后依循你的内在指引采取行动。记住，如果你的内在指引是回学校进修，就一定有办法让你这么做。

一位高中辍学，担任仓库管理员多年的男士，决定要回学校念书，并完成工程方面的大学教育。他不知道他要如何付学费，甚至不知道有没有学校会接受没有高中文凭的他。但是他从相信自己做得到开始。他观想自己回到学校上课，并用一个象征代表这件事，为它灌注能量。他挑选了一个大学，决定在六个月后去注册秋季班。

这位男士寄了一封信到这所学校去要了课程计划，并开始选课。他决定要善用学校的生涯辅导服务，并与其中一位咨询师成为朋友。这位咨询师帮他寻找奖助学金，发现学校有一个给高中失学人士经济援助的计划。符合申请这项奖助资格的是工作数年的社会人士，而他正好具备这些条件。这项计划甚至还包括一些帮助他获得高中文凭必须完成的课程。于是他能够如他所想的在秋季时辞掉工作，回学校做个全职学生。而后他拿到了工程学位，并在毕业后找到很好的工作。

坚守梦想，宇宙充裕地提供我需要的一切

别让你需要一大笔钱创业、进修或开始人生志业的想法阻挡你。开始去做你现在能做的事，就像你会拥有你需要的钱一般。有一位女士很想成为歌手。她认为做一名歌手需要昂贵的设备与巨额的存款让她在成名之前生活。所以她花了很长的时间做她不喜欢的工作，希望能存够钱，好开始歌手的职业生涯。

有一天，她了解梦想似乎愈离愈远，如果不开始，她可能永远无法成为一名歌手。她开始利用晚上的时间修习歌唱课程，并认识那些已经成功圆了梦想的人。一年之后，一个她很有交情的乐团少了一位歌手，邀请她递补那个空缺。她不需要花一毛钱购买设备，又有足够的收入让她得以辞去原来的工作，成为一名全职的歌手。

如果你做了每一件可能为你的志业灌注能量的事，请明白，它就正在到临的路上。继续为你的象征注入能量，并要求那更有智慧、更深层的自我送给你新的想法。要愿意聆听你所接收到的洞见与新想法，依照它们采取行动。不必等待

那笔钱,没有钱并不能阻挡你。也许你对自己或你的想法信任不足,才无法为你吸引那笔金钱;也可能因为你不相信你值得拥有想要的一切。把你的想法写下来。当你写下你的计划,当你设计并建构它们,你会吸引那些能帮助你的人与经济支援。世界上的金钱远比值得投资的计划多得多。依照你的意图与愿景,你会创造所有必要的联结、步骤与事件。你会发现执行你的人生志业所需要的一切自然到来。当你踏上你的道路,实现人生志业,你需要的一切将被充裕地供给。

◎ 游戏清单:踏上更高的道路

1. 如果你现在对于你的人生志业必须有所决定(例如:回学校念书、找工作、换工作或行业,等等),具体写下你的情况。

2. 列出来所有可能的选择与机会,想得大一些,想一想你梦想中的生活。

3. 保持安静，进入内在。在你想象做着那些事情的时候，哪一个选择显得最有活力，最愉快？别担心你要如何达到它。

4. 为那个充满活力与喜悦的选择，画一个两栏的表格，在其中一栏写下你做得到的理由，另一栏写下你做不到的理由。

5. 现在，把那些你认为无法遵循这个选择的理由，改变成正面的肯定句语。例如，把"我不能回学校上课，因为我没有钱"改成"我可以去学校上课，因为我有钱"；把"我找不到工作，因为我没有人们需要的才能"改成"我找得到工作，因为我过去的经验与技能都是有用而宝贵的"。当你这么做，你创造了自己专属的正向肯定语。

第四部分

拥有
财富

第十八章
尊重你的价值

以金钱或其他方式接受你认为的服务价值,是一件重要的事。如果你不珍惜自己的时间与能量,你等于切断了你的丰盛能量流。你的能量决定金钱是否能自由、和谐与轻易地涌入。打开金钱能量流的方法很多。当你做的事让你与别人感到荣耀,当你接受值得的回报来换取你付出的时间与服务,你自然地创造了金钱与丰盛的顺畅流动。

许多人对他们的服务报酬或交换感到失望,因为他们不清楚自己的服务价值,他们希望别人能明白他们的价值并给予他们更多。许多人希望他们能加薪或期望客户给他们的比他们要求的更多,即使他们从未表明他们的感受。当你珍惜你的服务,别人也会这么做。为你的时间定出价值,决定什么是对你而言有意义的收入或交换。别依赖别人为你这么做，重要的是你与支付给你的人都觉得合理；每个人都希望得到公平的交换。

你们很多人认为"薄利多销"。确定你不是经常把价钱砍杀到低于你觉得你的服务应有的价值。如果降价让你感到不舒服，你是以两种方式阻绝你的金钱能量流。首先，你可能会有一股暗自的愤慨或不好的感觉，即使很小，也将阻挡金钱的回流；第二，你在告诉你的潜意识，你的工作不值得那么多，而它将停止为你带来机会。学习接受你的价值来更爱自己。

我以自己的价值为荣

如果你经营自己的事业，拥有两个付钱时肯定你的服务价值的客人，胜过于四个不这么认为的客人。当你为你所做的事接受公平的价值回馈，你会对自己感觉很好，你会充满热情。一个散发热情、丰盛与成功气息的人，会比一个感觉卑微、空虚与挫折的人更有服务效率。

下决心你要接受值得的报酬。别担心提高价钱或这样会无法创造足够欣赏你的价值的客人，让你面临破产。那些为了反映价值而提高价钱的人，很少流失客户。他们经常发现，他们拥有更加高涨的热情与兴奋感，能提供给客人更好的服务。不管你是否提高价钱，要确定你提供的是最好的服务，让他们的金钱获得很好的价值。

如果你是工薪阶级或收取酬金的人，你收到你认为值得的金钱了吗？你希望什么样的收入？你想要什么样的福利？为了加薪，你可能需要为公司付出更多、在某方面提升你的技能或提供额外的服务。你要变得更主动积极，自动自发地工作，在人们提出要求之前，就设想并满足他们的需求，尽力做好一切。如果你已经做到这些，而仍然没有得到你觉得应有的报酬，下决心你会得到，在行事历上标出你想收到加薪的日期。不要等别人给你钱，这样你是把命运交到别人的手上。如果你确定无法在现有的工作得到你要的报酬，要愿意更换工作。赚到你值得的价值会增加你的活力与喜悦，那对你周遭的人是一份美好的礼物。

最重要的回报之一，是明白你在为社会做出有意义的贡献，你帮助人们创造更美好的生活。许多人选择投入不赚钱却能帮助世界更美好的工作。如果你做的是社区服务或选择投入收入较不丰富的工作,你收到的可能是比其他获利的工作更多的非金钱收益。

当你对世界做出有意义的贡献,那些回送给你的能量将胜于金钱回馈,因为它让你的灵性成长,心门打开,慈悲心增加,以及活出有价值的人生。在这种情况下,尊重你的价值意味着你确定把时间花在能创造最大效益的地方。你的价值会以你创造的益处、你对社会以及你对人们的生活造成的改变来衡量。

每一个人拥有的天资——美妙的歌声、数学天才或写作的能力,都是灵性天赋。农人种植的食物是来自大地的礼物,而我们用金钱交换他们的劳力、时间与努力的成果——食物。人们付钱来交换你贡献天赋所付出的时间、精力与能量。如果你有每月开销要支付,你需要人们以金钱支持你。即使你不需要用钱,你仍然会想为你的服务要求一些回报,因为如果他们没有对你回馈,就无法完成能量的流动。回报可以很简单,像是对你的天赋表示感谢,用它来改变自己的生活或花时间帮忙你一些事。

人们珍惜并尊重我的工作

只把你的工作贡献给那些懂得珍惜的人。如果你为一个不珍惜你的工作的雇主服务，你在破坏你的自信。更换工作之前，问问自己是否相信你是有价值、值得被珍惜的人，你的服务十分重要，然后看看你要从眼前的情况学到什么。一旦你了解自己正在学习的课题，以及创造这个现况的信念是什么，你会找到尊重你的工作，甚至你现在的雇主也会愈来愈尊重你。

如果你的雇主不够尊重你，你也许会有许多重视你的客户或接受你的服务的人。你可以衡量你为人们创造的好处，是否比你在公司没有受到足够的尊重来得重要。重点是那些你工作的对象——你的客户、消费者、企业或个人，能用上你的服务为他们的生活带来好处。如果你没有收到应得的收入，又不认为你的工作能创造有意义的贡献，那么你可能需要花一些工夫，培养尊重自己的价值与时间的内在品质。

替那些不珍惜你的工作的人服务，会助长你对自我价值的怀疑，阻断你的能量流，限制你的丰盛。有位画家决定为朋友画一幅肖像作为礼物。她知道这个朋友的想法很负面，总是抱怨连连并且不快乐。她以为送一幅画给这位觉得自己长得不好看的朋友，会对她有帮助。她想用这幅画让她知道，她其实是多么光芒四射、美丽动人。这真是一件花费她很多时间与精力的作品，因为她只能在晚上孩子们入睡之后作画。几个月后她完成这幅美丽的画像，并将它装框裱褙。

她的朋友用惯常不知感谢的态度收下这份礼物，她觉得这幅画一点也不像她，最后决定根本不把它挂出来。她周围的每个人都很喜欢这幅画，认为它十分传神，真实地表达了她的美丽。这位画画的女士沮丧了许多天，甚至不确定是否还要继续她的艺术工作。几个月后，另一位朋友打电话给她，想要付钱请她作画。她几乎立刻回绝，但是因为这个朋友真的非常喜欢她的画，她决定再试一次。她完成了画像，她的朋友觉得非常快乐。

画第一幅画为她上了宝贵的一课，因为她曾经怀疑自己的工作价值。那位负面的朋友把她的这些内在的怀疑带了出来，让她得以有意识地觉察并释放它们。她也开始明白，她不需要待在那些想法负面、不相信她的人生志业与剥夺她的自信的人身边。她郑重决定只为那些重视并珍惜她的作品的人作画。那是她职业生涯的转捩点，因为在这个新的决定之后，她开始得到更满意的工作与更大笔的酬金。也许你曾经做过不被欣赏的工作，并觉得自己没有价值。那个经验或许是一个转捩点，让你开始能珍惜你自己与你的工作。只服务那些珍惜你与用得上你的服务的人。

我总是尽力而为，奉献最好的一切

你们有些人选择交换彼此的服务而非收费。当你决定用这种方式来交换，要清楚你的期望是什么。金钱是要让双方能做平等的交换而创造出来的。你也许会发现，接受金钱的服务比起直接用服务做交换来得更清楚容易。以物易物的交换需要爱、双赢的意愿与真心的给予，才能保持能量的流动。

如果你与别人直接交换东西或服务，你会希望找到一种双方都同意的方式，为你们的交换创造清晰与充满爱的能量流动。如果你用不上对方的服务，最好直接拒绝，不要带着怨怼或不平的感觉接受对方的给予。

如果你接受交换，要毫无保留地给予，做最大的付出并爱你交换得来的东西。即使事后你发现这个交换不公平，也要送感谢与爱给对方，明白当你尽力给出最好的，你是让能量保持流动。那么即使它不会从对方身上回来，它也会从其他来源倍增回来给你。确认这个交换对彼此都有益，双方都同意。如此你的正直与诚实的意图，将源源不绝倍增你的丰盛。

◎ 游戏清单：尊重你的价值

1. 现在，你可以做什么来更加尊重自己的价值呢？例如：为不同的人服务，或是提高你的收费。

2. 从上面的事项挑出一件，创造一个画面是你想要体验的境遇，尽可能仔细而真实地描绘它。

第十九章
喜悦与感谢

　　财富具有磁性，它会流动并循环。社会的财富流动与循环愈加顺畅，整个社会就愈富有。当你把金钱带进你的生活，你并没有"创造"它，你是接上了早已在此的能量流。当你创造财富，你并没有把财富从别人身上取走，而是你变成金钱流动中的一部分。让金钱的循环流通你。记住，金钱的循环愈快，每一个人都会变得更富有，就像商店存货的流动率愈高，店里的生意就愈好。丰盛的荣景，来自给予与接受均能自由流动的时候。

我花的每一分钱都增加社会的财富

你创造金钱,也会用金钱。你购买产品、服务、食物与为你带来喜悦的事物。你的金钱流动得愈快,你对社会财富的贡献就愈大。你送出金钱的感觉愈好,你的钱就愈有磁性。当你付钱时,要带着慷慨愉快的感觉。每一次你付出一笔钱,你都加大金钱循环的能量流,让整个社会更富有。

想象有许多能量从宇宙流向你,每一道都提供一种金钱涌入的方式。每一次你心中有所怀疑,每一次你带着怨怼的感觉付钱,每一次你不相信你的丰盛,你就关闭了其中一道能量流。每一次你带着喜悦与爱送出金钱,你就开启一个新的管道,让宇宙送钱给你。下一次付钱时,想象十倍以上的金钱正在回流给你。想象你的钱正在为收到这笔收入的人或机构创造富足与繁荣。

我支出与赚取的财富都带给我喜悦

喜悦是增进你的丰盛一个很重要的态度。学习用喜悦的方式花钱，即使很小的金额，那么当你拥有大笔金钱，你会知道如何喜悦地花它。你想要金钱带来快乐与喜悦。如果你不知道如何用几块钱为你带来快乐，那么花几万元也很难增加你的快乐。从现在起让你的钱为你带来喜悦，那么当你拥有的金钱数量愈多，它带给你的喜悦便愈大。

想象一笔你现在能付得起的小额金钱，用不同于平常的方式花掉它。纯粹基于乐趣，想出五种以上的方式，用它去做那些带给你喜悦的事。你可以是天马行空，不切实际，尽量发挥你的创意。有一个人想到买许多小蜡烛把家里摆满，然后点亮它们做一段特别的冥想。另一个人想到准备许多装了小面额钞票的信封，把它们夹在一些老车的雨刷下，表达他对这些人的感谢与欣赏。选一种你觉得好玩的方式，在这个星期依照这个想法花一笔钱。

如果你花钱时没有喜悦或爱的感觉，而是出于义务、怨怼、担心或觉得负担不起，那么你会把自己置身在丰沛的金钱能量流之外。观察你花钱的态度，记下每一次你花钱的感受，注意什么时候你觉得愉快，什么时候不是。现在有没有任何让你花钱的事，对你而言是义务而非喜悦？如果有，不要自责，只要开始注意其他能带给你喜悦的支出就好。当你愈常用一些带给你喜悦的方式花钱，出于义务的支出就会愈来愈少。

在你购买时，你会送出一个讯息给你的潜意识，告诉它你相信自己值得拥有什么。只买你真心想要的东西。与其买一件因为便宜而非真心喜欢的衣服，不如买一套穿起来感觉很棒的昂贵套装。因为这会告诉你的潜意识，你可以拥有想要的事物。而它会立刻动身为你带来更多你想要的。与其把焦点放在能节省多少钱，而去买一些堪用却让你无法感到兴奋的东西，不如买那些能让你的心灵、身体与情绪经常感到愉悦、快活的东西。如果能少花些钱就买到喜爱的东西，当然很好。花多少钱不是重点，更重要的是你爱你买的东西。

在你买了那些对你而言意义重大的东西之后，好好享受它，像个孩子收到期待已久的玩具一般把玩它。欣赏你刚拥有的东西，认识它，与它和谐共振，学习它的一切。花一天、一周、一个月时间这么做，直到你们的关系完整为止，把你的能量灌注给它。让你的能量与你新买的东西和谐交融,这将圆满你们的关系,让你感觉更满足。

我的周围只放能够反映我的活力与能量的事物

东西具有能量。你可以在精微的层次上感觉周遭事物的能量,因此,只在你的周围摆上你喜爱并感觉有联结的事物。破损或无用的东西会扰乱你的能量。保持周围事物修缮完好是明智的,如此便让你的周围充满秩序与和谐。

有一位女士决定进行车库拍卖,清理出她与先生累积多年但已经不想要的东西。她逐一检查家里每一样东西,只留下那些她欣赏、喜欢与用得上的东西,那些与她关系完整的事物。当她把其他东西卖掉之后,她感觉难以置信的轻盈与充满能量,如释重负,仿佛某些能量从她身上解脱。她比从前感觉更有能量,更正面。只在身边收存那些你珍惜与欣赏的事物,它们将反映给你更高的能量。

花时间观察你的家,你是否经常把一些没有用的东西留在身边?从中挑选一件,释放它——把它送给朋友、回收它或卖了它。如此你会腾出空间,预备让更好的事物进入你的生活。

我欣赏"我是"与"我有"的一切

你们一定听过"心怀感激,常说谢谢"。什么是感谢的真正价值?感谢让你认出你创造的力量与能力,它让你把注意力放在你拥有与你想要增加的事物上。它提醒你宇宙有多么丰盛,而你可以信任它源源不绝的流动。感谢是一种心智状态,能为你吸引财富与丰盛。

把你的潜意识当作一个小孩儿。你注意过孩子们得到赞赏时的反应吗?他们会更努力,脸色发光,两眼有神。每一次你为你的创造感谢自己,你的内在小孩就亮了起来,闪闪发光,愿意为你做更多。每一次你说:"这不够好,你可以做得更好。"内在小孩就不开心了。就像被责骂的孩子,你的潜意识会丧失信心与勇气。欣赏自己并感谢宇宙可以激励你的内在孩童,为你在生活中创造更多美好的事。

感谢也会反映在你的态度上,而你的态度可以吸引或排斥财富。你也许注意过许多成功的生意人,会写感谢函或送礼物给那些曾经帮助他们的人。为你的丰盛感谢宇宙，你可以在心里或大声地说出谢谢来表达你的感激，这将倍增你的丰盛。

我欣赏自己，我感谢生活的美好

每一次你"谢谢"自己，你会对你的创造力注入信心。开始为发生在你的生命中的每一件小事感谢宇宙，欣赏你已经走了多远与完成多少事，那么你将克服你的恐惧与怀疑。感谢所有你视为理所当然的事——你居住的地方、爱你的朋友、桌上的食物，等等。不要说你现在拥有的不够，反之，为它们感谢宇宙。

每一次你体验到喜欢的事物，你都可以借由一个"放大"的过程在你的生活中创造更多。例如，你刚收到一样东西，而你想要得到更多。你可以暂停一下，让拥有它的喜悦变得更强烈。感觉你在身体、情绪与心智上的满足，然后安静下来，想象你强化那股能量。想象那些感觉不断变大，变成一股向上盘旋的能量旋涡，从你的心开始，逐渐变得与你的身体一样大,甚至更大。如此,你增强了自己吸引好事的磁力。设想你的快乐感与满足感不断增加,同时抱着期望有更多好事出现的意图,这样便可以了。

◎ 游戏清单:喜悦与感谢

喜悦

1. 列出几种你能在生活中增加喜悦的方法。

2. 从中挑选一项,你如何运用财富为工具,去增加你在这方面的喜悦?

感谢

1. 列出至少五件你去年完成并感觉很好的事,它们可以是很大或很小的成就。你可能完成的事比你以为或称颂的多更多。

2. 想出至少五件你的生活中可以感谢的事。(有位女士,每天睡前在心中列出当天值得感谢的事,她的财富开始戏

剧化地增加）

3. 想出至少三位你想对他们的支持表达感谢的人。想想你打算怎么谢谢他们，然后去做它。

第二十章
给予与接受

为了创造生活中的许多财富流动,你必须学习自由地给予与接受。你要愿意接受就如同你愿意付出一般。你们很多人喜欢给别人东西,却很难接受别人的给予。你的接受会让人们觉得自己有力量,因为他们有机会向人展示自己的丰盛。当人们送给你用得上或你欣赏的东西时,他们对自己的感觉会很好。如果没有人接受,就没有人能给予,这将阻挡创造富足所需要的能量流。

我开放去接受

不要认为接受是自私的,要把它视为能量循环的完成。你愈能开放接受,就愈能慷慨给予。接受人们给你的财富,接受他们给你的形式与内容，带着温暖与感恩的心这么做。每一次你接受别人的金钱，想象十倍金钱回到他们身边。当你祝福他人成功，你将会增加自己吸引丰盛富足的能力。

带着感谢与恩典开放去接受。当你收到一百元，不要说："这么少"，为它感谢宇宙。很多人在接受金钱的时候说："怎么只有这么少，我以为会更多。"这会使他们收到的不如得到的多，而下次来的会更少。如果每一次你收到钱的时候，都带着喜悦和感谢，想象更多的钱会进来，你是创造更多的管道让宇宙给你丰盛。

对于任何正直的来源保持开放去接受，并愿意得到你想要的事物。人们有时候会在接受的当下保持怀疑的态度，怀疑背后有隐藏的条件或寻找它的瑕疵。想象你在找一辆二手车。你决定要用你能负担的最低价钱，显化一辆美好的车，里程数低，车况良好。你清楚你要这辆车的本质并开始用磁力吸引它。然后某一天，你发现了这辆符合所有条件的车，售价甚至比你想象的更便宜，结果你反而没有因为它是如此完美而开心，甚至有人会怀疑哪里有问题！相信你有能力创造理想的事物；肯定你有力量创造你要的东西。当你娴熟掌握显化的过程，你会经常收到一些事物，它们似乎太美好而不像是真的。所以，享受你的创造吧！

曾经有个电视台做过这么一个实验，他们雇了一个人在纽约市中心发美金现钞。结果令人惊讶：只有十分之一的人愿意拿钱。人们的反应不一，有完全回避不拿的，有人表示："我不会买任何东西，别拿花招来烦我。"有一个人拿了钞票仔细翻查，满脸狐疑，然后耸耸肩拿着它离开。确定你会从任何用得上的管道得到钱，如此宇宙会找到更多方法送钱给你。当然，如果有人试图收买你的友谊，或金钱附带你不喜欢的条件，就别接受。你愈能轻易接受，宇宙就愈容易给你。

想想你允许财富流入的所有来源（例如：你的工作、投资、父母、奖学金），你还可以从什么管道取得收入？你可以尽可能地想象，然后自问："我准备好要从新的来源接受财富了吗？"如果答案是肯定的，要求宇宙在未来的数周内从新的管道送钱给你。当它来临时要乐意认出它，并恭喜自己开创了新方式去接受丰盛。

有时候直接得到你想要的事物，比创造财富再得到它更容易。想一件你想要但尚未得到的东西，这一次下决心你不要靠创造财富得到它，你会专注精神拥有它，并让它以任何可能的方式到临。然后遵循你的内在指引。假设你想要一辆脚踏车，你也许会发现刚好有一位朋友或他认识的人，愿意借给你一辆车，或是他刚好要离开一阵子，请你保管这辆车，或者刚好有一辆不用的车可以给你骑。与其认为你必须先吸引金钱才能拥有你要的东西，有时候直接得到它反而更快。

付出即是收获

给予是接受很重要的部分。你怎么给人，宇宙也就怎么给你。送出金钱或其他事物，事实上是送给自己礼物，因为它在你的生活里创造能量的循环，而能量循环愈大，你愈富有。有一个人很喜欢在街上丢铜板让小孩子去捡。他知道孩子们会以为那是他们的幸运日，因为钱从天上掉下来。后来，他成为一个房地产的开发商。当他想要投资一些开发计划时，钱总是来得很容易，就像是"从天上掉下来"的一样。

宇宙有一条法则：想得到什么必须先付出什么。如果有某件你想要的东西，你可以问自己，"我需要付出什么才能得到它？"总有些你可以做的事让你得到想要的东西。如果你想更有钱，你需要在生活中给出某些能带给你金钱的事物，包括你的天赋、才能、时间与能量。

如果你觉得你的生活不丰盛，想一个你能送出礼物的人。送人们喜欢与有用的东西，会带给你这个世界上最美妙的感受。给予会肯定你的丰盛并帮助你感觉富足。给予让你强大。想一件你可以送给某人并能立即帮上他的东西，约定好这么做，你会发现宇宙也会用同样的方式送给你礼物。

给予帮助你解除匮乏与有限的信念，因为当你给予，你便开始看见自己更丰盛的画面。你可以给出物件，或者你能对别人付出爱、宽恕与慈悲。给予无关乎你给出事物的数量或价值，或你给出什么，它关乎一种丰盛感受，一种对他人付出的喜悦。当你给予，你是在学习让你内在的无限丰盛向外流进宇宙。

我送出的每一样礼物能服务他人，带给他们力量

当你无偿而大方地给予，你会想用带给他们更高益处、真正服务他们的方式给予。当你给人们金钱，要清楚你给钱的目的是要创造富足，而非解救他们脱离重复发生的困境。把你的金钱或礼物送给那些会在生活创造正面改变的人。当你看见人们提出具体的计划，要以他们真正的本质服务世界，就是支持他们的时候了。你的给予，要能帮助人们达到他们的更高目的，踏上他们的更高道路。

如果有人一直处于缺钱的状态，总是创造匮乏，你的给予便只能解一时之困，并妨碍他们为自己的生活负责。人们在生活中创造匮乏，是为了学习特定的功课。若你发现你给出的金钱或事物，并没有让他们的生活获得改善，那么就是你重新检视你的给予的时机。你也许正在剥夺他们从匮乏经验中得到的成长。

也许有人要求你在金钱上帮助他，而你的拒绝让他看起来很绝望。之后他自己想办法渡过难关，找到工作，过得比以前更好。很多时候，人们创造出一个匮乏或不足的感觉，

是为了提供给自己改变的动机。"拯救"他们脱离危机可能只会造成倚赖，而你会发现他们一而再、再而三地创造相同的情境。

帮助人们联结他们的内在力量或是教导他们解决问题的办法，通常比给他们金钱更有帮助。花时间与他们一起工作，帮助他们找到问题的解决办法，这使他们变得更强壮，更能掌握自己的生活。当你教导人们新的方法、技巧或工具，让他们学会并应用在未来的生活，你是在给他们力量。

如果你的生活中有人金钱匮乏，你觉得有义务解救他，记住，你这是在同意他没有力量。他们的内在拥有与你一样能创造富足的力量。帮助他们发现那个力量，那么你送给他们的是世界上最美好的礼物——自给自足。当然，对某些人而言，及时的一餐饭、栖身之处、几件御寒衣物，等等，并非拯救，而是支持他们成长的必要帮忙。你可以用你的心来分辨两者，如果你确实在帮助人们获得力量，你的付出会让你感觉振奋与喜悦。

我送出的礼物都能荣耀并彰显他人的价值

送出那些你给得很愉快的东西，不要因为义务或不得已而给钱。任何沉重的感觉，都表示这个给予不会为对方带来最高益处。有些父母觉得有义务持续帮助他们的孩子，即使在他们已经成年而能自立之后。你有必要在适当的时机对他们的金钱要求说"不"！你的拒绝来自更大的爱，并非带着厌恶的应允所能及。

有位男士的弟弟一直付不起房租，他一直帮弟弟付钱，但事情似乎没有改变，最后他决定拒绝再给钱。他知道他的弟弟必须学习解决这个基本的问题。他明白只是给钱，并不能教会弟弟照顾自己，于是他与弟弟一起研究，帮他找出什么是他想谋生的工作，并买给他一些教导如何找到好工作的书。

不久之后，他的弟弟得到一个足以负担房租的工作，并开始到夜间学校学习电脑操作，因为他发现电脑工作是他喜欢做的事。然而由于学校并没有足够的电脑让他可以充分练习，所以他问哥哥是否能借他钱买自己的电脑。他借给弟弟这笔钱。因为这台电脑能帮助他的弟弟变得更丰盛。后来，他的弟弟开始了自己的电脑事业，并且相当成功。

记得，送给别人愿意接受的礼物。并非所有的礼物都适当。例如送宠物给小朋友，可能需要花费很多心力去照顾，而他们的父母也许很忙，并没有这个时间。确定你的礼物是收到的人能够接受的，是他们真正用得上的。你可以自在地给予，但给出的东西要真正服务到你赠予的对象。

我对自己慷慨大方

学习对自己付出很重要，如此能维持丰盛能量流。如果你无法为自己付出，能量会有所阻塞，最后你会感受得到。例如，做治疗师的人若总是为别人付出，却无法花时间滋养自己或补充能量，他们必然会感到精疲力竭。你也许会开始感觉匮乏，而必须花额外多的时间与能量给自己；或者，你因为工作感觉能量耗尽，以至于对你在做的事失去热忱。

常常人们在给予时，并没有对给出的东西完全放手。不带条件地给出你的礼物。如果你送礼物给某人，放掉它；如果你对送出的东西还有牵挂，你阻碍更多的能量流进你。如果你送走你的旧衣服，却仍想着你还能如何用上它们，后悔送走它们，你会阻挡新衣的到来，因为你并没有真正放掉旧衣物。当你给予，要确定你给的了无牵挂，因为你愈大方地给，你愈容易吸引金钱。

当你把注意力放在你为这个世界的付出，而非想着你的工作能赚多少钱，金钱就来了。你尽力做好工作的意愿，是你给雇主或客户最好的礼物。秉持合作与爱的精神工作。你为工作投注的能量与坚持的意愿，比起马虎行事、缺乏信心、抗拒工作或只求过关的态度，能为你赢得更多金钱。

一位艺术家担心自己靠艺术工作无法维生，他对于每一个降临的机会，都以需要多少成本或能赚多少钱来考量，因此拒绝了好几个看起来很不错，但似乎不赚钱的机会。他的钱总是不够用。他有一个朋友，完全相反，也是艺术家，他总是尽一切努力想成为一位好艺术家。他上课进修，遵循他的内在冲动与喜悦，尽心尽力付出。他并没有把注意力放在他的活动可以为他赚进多少钱，反之，他会问自己：

"我如何为前来观赏我的作品的人,提供最好的服务?我能给他们什么?我想把握这个机会吗?我如何成为一个最好的艺术家?"后来他的作品很出名,他的生活变得很优渥。而他的朋友,总是想着收入而非服务,结果不但没赚到钱,作品也始终默默无闻。评估你的机会时,考量它是否对人们有贡献,是否属于你的道路,并且能否带给你快乐?运用你的特殊才能与天赋,在你做任何事时全力以赴、尽力而为,你会创造财富。

我尽力在言谈与行动中服务他人

尽力服务他人的人,会拥有充满丰盛与喜悦的生活。服务,意味能同理他人并尽心付出,他们也许是你的客户、雇主、同事、朋友或你心爱的人。当你出于最高的真诚,对世界表现你最好的一面,你就是在服务他人。对人类做出重大贡献,不需要你成为领袖、世界名人或成就丰功伟业。当你带着意图、意识与爱用心做事,你就在做出最珍贵的贡献——你为世界增添了光明。

有一位销售人员业绩一直下滑,他不明白为什么。他仍旧喜欢他的工作,对销售的产品有信心并感觉他在完成更高的目的。有一天,他与朋友聊天时,突然间他明白他已经不再把焦点放在服务与付出,只想着人们能带给他什么好处。他不再把人们视为服务的对象,想的只是他们贡献的钞票。他变得太专注于赚钱,而忘了自己在做服务的事业。于是他改变态度,把注意力放在如何能为每个人做到最好的服务,不管是否达成销售。他花时间了解客户、认识他们的需要,并真诚地提供帮助。他慷慨地付出他的爱、时间与能量,结果他的业绩戏剧化地攀升。

你愈想着你的服务,你的工作便愈伟大与充实。当你把焦点放在你的工作如何能带给周围的人光与喜悦,你会发现它也带给你光与喜悦。服务是尽你所能尽力付出,它意味着你在工作时是个有效率、善解人意并且保持觉知的人。它意味着你以喜悦、和谐的态度工作,并与周遭的人合作。你的服务永远会倍增之后,以更大的丰盛回到你身边。

你送给别人最伟大的礼物,就是你过得很好的榜样

◎ 游戏清单:给予与接受

接受

1. 列出所有你想要收到的事物,如果你知道是什么,尽可能清楚描述它们的形式。

2. 逐项去看你想要的东西,问自己是否真正愿意接受它?对于每一样东西,你都有相同的答案吗?

3. 选出你觉得最开放接受的事物,观察那个"开放接受"的感觉是什么,你的身体里有些什么样的感觉?在你的情绪与想法里又有什么样的感受?

4. 找出清单上你感觉较不开放接受的事物。记住"开放接受"的感觉,调整你的想法、情绪与身体的感受,直到你感觉自己可以更开放去接受这样事物。

给予

1. 有任何人是你想要送什么东西给他的吗?仔细想想,你是因为他的需要而给,还是为了他的丰盛而给?

2. 如果此刻你感觉生活不丰盛,有什么是你可以送给别人的,以展现你相信自己的丰盛?如果有,把它给出去。

第二十一章
清晰与和谐

如果你希望财富涌入,请清楚与真诚地表达,你想用你的努力与时间交换什么。这意味着你与他人对于你想从他们那里得到什么,而你又愿意给他们什么,彼此之间都有清楚的协议。如果你想在个人与事业的财富往来中寻得平顺与和谐,你必须厘清你的期望与假设。

我在所有交易中体验清晰与和谐

如果你想对财富交易的结果感到满足与快乐,一开始就要对彼此的承诺、同意事项、投入的时间、花费的努力、执行义务与投资报酬率等清楚明定。如果你做了某种投资——定期存款、新事业、房屋、土地、股票或债券,想清楚你的财务期望是什么。举例来说，你在银行开户时，你与银行会就利率的计算订定清楚的协议，这样可以避免失望与冲突。

人们签订契约以确保彼此同意的事项中，没有未言明或隐藏的期望。通常协商过程的厘清，让彼此得以维持爱与和谐，避免冲突争执。当你拥有良好的协议，问题很少发生。把拟定契约当成厘清彼此想法的机会，仔细阅读合约并思考它的文字条款，你同意这些合约内容吗？它们反映你真正的意图吗？

重要的是，条款与协议必须同时合乎你的权利与利益，也顾及对方的。在签字前，如果你对内容不了解或不同意，不必害怕提出询问以澄清或修改。无论你与别人进行什么交换，是否签约，要明白你们彼此同意什么。你愈清晰，你为生活注入的和谐与光明就愈多。你的清晰对你周围的每个人而言都是礼物。

为了日常生活中的互动与你的朋友明定契约并不实际，但你可以用相同的观念把清晰带进你们之间的默契中。想起一位朋友，你们之间有什么未言明的默契吗？例如，你们多久会联系一次？你们会陪伴彼此度过危机吗？你们借钱给彼此吗？你与他人在生活中有许多未言明的协议，赋予他们优先使用你的时间与能量的权利。当你与朋友对于某些事项意见不同，或不清楚彼此愿意付出什么，冲突就会发生。在你刚才想到的关系默契中，有什么是彼此没有清楚协议的？花点时间把清晰带进这些地方，决定你想付出的是什么，以及你希望彼此同意什么。

我对我花的每一分钱都感觉良好

你对自己也有内在协议。例如，你对自己花钱的方式有协议。什么是你认可的花钱项目？你允许自己在特定的事物上花多少钱？例如，你会这么说吗？"我同意把钱花在食品上，为了维持优质的饮食要花什么钱都可以，多少次都可以。我不认为有必要花钱买昂贵的礼服，除非有特别重要的场合。如果为了某种理由而非特殊场合我买了昂贵的衣服，那么它必须是经常能穿的衣服，这样每一次穿它的费用就不会太高。"

花点时间思考你在花钱方面的协议。你也许会很惊讶自己为金钱设定了这么多内规（其实你在其他生活领域也一样）。你大抵知道何时你违反了你的内在协议，因为这个时候，花钱会让你有罪恶感。

与自己约定能为你创造喜悦、丰盛与清明的金钱协议。假若花钱总是让你有罪恶感，请你重新检视你与自己签订的内在协议，思考改变之道，因为它们已经不再适用。你可以检查你的内在协议是否良好，或者它们是基于别人的价值观——你的父母、社会大众或朋友。与自己签订适合的金钱协议。

想一个你花钱之后感觉罪恶的经验。你违背了什么关于金钱的内在协议？那是一个对你的生活有好处的协议吗？遵守这个协议有助于你更爱自己吗？例如，有一位女士每次买漂亮的东西就有罪恶感，于是她了解自己有一个内在协议是：只能把钱用来买实用的物品，艺术品或画作这种美化环境的东西则不行。她与自己重新约定：在一定金额内，可以买那些看起来很美或装饰用的东西。从此之后，只要在同意的预算范围内，她买家饰用品的感觉都很好。

我总是被指引到更高的解答

缺乏清晰的金钱协议会造成人际上的纷争,即使两个相爱的人也一样。如果其中一人与自己的协议是花多少钱在食物上都可以,并且就这么做;而另一个人的自我协议却是只能花有限的金钱在食物上,那么他们就很有可能为金钱起冲突。两个人各自对于食物持有不同的价值观。当问题发生,很少有人能心平气和地用爱的态度来检视他们对于金钱的协议,大部分的人会直接掉入权力斗争。

对于很多人而言,金钱代表权力,而支配金钱代表拥有或取得权力。金钱冲突通常绕着权力斗争打转。可能是某人欠你钱不还,或你不同意心爱的人花钱的方式,或你觉得没有拿到应得的报酬,权力或许才是背后真正的议题。

如果你发现自己与别人正因为金钱议题争吵或渐行渐远,可以用爱来改变这个情况。首先,平静下来,进入你的内在。你也许注意到胃部或胸腔下方有一股让你不舒服的能量,这意味你与某个有道理或占上风的人正在进行权力斗争。在这个层次上抗争,你没有赢的机会。

我听从心的智慧

为了改变这个情况,你可以在能量上运作。进入你的心,从释放愤怒与伤害开始。送爱给对方,放掉你一定是对的或必须用你的方法进行的需要。你并非舍弃你的价值观或牺牲你的理想,你只是把能量从太阳神经丛(你的权力中心)取走,把它移到你的心,一个能找到所有真实解答的地方。

持续这么做,直到你可以感觉爱对方、宽恕对方为止。也许需要几天或更久的时间,才能让你放掉愤怒,开始拥有爱的感觉。在这段时间,不行动,不争辩,不联络,不做除了送爱给对方清除你们之间的能量以外的事。过了某个点,你会觉察到某种变化,你会感觉爱。在心里告诉对方,你拒绝权力斗争。如此,你把"你输我赢"的情况转变为"双赢"的局面。

当你进入内心寻找答案,你打开了通往新解答的门,更高的答案将出现。放下这个困难的情况,会有新的想法到临。人们会让步,因为他们会感觉你的能量有所变化而改变自己。灌注爱给别人,你会在任何情况创造奇迹式的改变。

如果有人欠你钱，放掉那笔钱，送爱给对方。信任这笔钱会从其他地方回来，或甚至从欠你钱的那个人身上回来，只要你真正放下对这笔钱的执着。拒绝还债通常是为了保留爱，却把关系变成了权力斗争。当你拒绝这种权力斗争，送爱作为替代，你创造了一个改变。一旦你改变你的能量，对方也不得不改变他的能量。

在你与人们有金钱冲突的地方，花些时间去检视你的内在协议、价值观与信念。对方为你带起这个课题，是要你检视一些重要的东西。你在捍卫什么？你捍卫得最厉害的通常是那些你不太确定的信念与价值观，因为当你的信念清楚，你很少有捍卫它们的需要。

想一个你最近发生的金钱争端。有问题的价值观或信念是什么？对方捍卫的价值观或信念又是什么？这件事对你们彼此的信念有任何帮助吗？它同时带来什么新的想法或需要厘清的地方，是你希望自己也能更清楚的？有什么对你已不适用，放掉它们会让你受益的信念或内在协议吗？若非你的内在要你观察你的信念、价值观与内在协议，这种情况不会发生。

冲突也常来自一个匮乏的信念,认为没有足够的东西给每一个人。想一件你最近发生的金钱争端或冲突。害怕不足是它发生的部分原因吗?如果你真心相信宇宙是丰盛的,你能拥有想要的一切,冲突还会发生吗?确定你不是害怕宇宙无法让你们都得到满足而冲突。

成全他人就是成全自己

双赢的办法总是存在。如果对你而言若其中一人赢了,另一个人就是输了,那么你尚未抵达更高的解答。更高的解答必然是创造双赢,满足两方都达成更高的目的。要发现更高的解答,首先你必须问自己:"真正的问题是什么?拥有什么对我而言最重要?"诚实地问自己,你真正想达成的目标是什么。通常你们发生的争执与真正的问题毫不相关。然后合力去找出解决之道。

不要设想对方反对你;反之,把他当作拥有共同问题的伙伴,一起去寻找解答。永远假设会有满足双方的答案,即使你们尚未发现。把让对方成为赢家的道途设为你的目标,如此你让自己也能成为赢家。

现在是让新的形式出现的时候了,因为许多老旧的方法已经不再适用。寻找新的方法是你们的挑战。要愿意开放,保持弹性,相信有一条更高的道路。当它因为你的爱与意图而出现,你将贡献人类一份好礼物——一个老问题的新解答。

◎ 游戏清单:清晰与和谐

1. 你与自己的花钱协议是什么?列出你的花钱清单,针对每一项写下你的原则(例如:这些事物的金额上限是多少,或你多久买一次)。

2. 保持放松,安静一会儿。重新看一次清单上的协议,你会改变哪些协议让你感觉更加丰盛?重写你的协议。

第二十二章
拥有财富

　　金钱既不好也不坏，它是能量，然而运用金钱的方式决定它能否成为利益众生的正面能量。如果你发自最高的真诚运用金钱，如果你赚钱的方式造福人群，借由改变人们的意识，借由服务与有所贡献，透过尽力付出最好的，尊重他人，并保持意图与觉知去做每一件事，你是在对全体人类与你自己做出贡献。当你运用金钱的方式能够服务你的更高目的，并能带给自己与他人喜悦，你是在创造光的金钱。当你赚取金钱与花用金钱的方式愈正大光明，它就愈能够成为带给每个人光明的力量。

我的生活中处处丰盛

真正的丰盛是拥有执行人生志业所需的一切——包括工具、资源与生活环境,并活出充满喜悦活力的人生。丰盛并非为了引人注目所维持的夸张、奢靡的虚荣生活形态,或者无法支持你真正的活力与人生志业的生活。修炼的本质之一是相信真正的丰盛——丰盛的时间、爱与能量。你只能以身作则来教导别人。假使你对于自己的生活并不感觉丰盛,那么即便不是不可能,你也很难去帮助别人活出丰盛的生活。你不会想作为一个活在温饱边缘并体验匮乏的榜样。当你拥有适量的金钱,当你的生活金钱运作顺畅,人们会以你为榜样学习丰盛。

大多数的战争与冲突来自匮乏的信念。相信匮乏的人才会想尽办法剥削自然环境、浪费地球资源。如果你想为地球的和平贡献心力,从相信你与别人都能过着丰盛的生活开始。当整个社会开始相信人人都能丰盛富足,新的发明会出现,提供不造成地球污染或大地损耗的无限能量与资源,那么爆发战争的因素将减少许多。这个星球的确拥有让每个人享有丰盛富足的潜能；若人类相信所有的人都能丰盛，它便能被创造出来。从相信人人都能拥有丰盛开始吧！

我的丰盛也为别人带来丰盛

有钱是好事。你们有些人对于有钱怀有罪恶感，特别当你环顾四周看到有人贫困度日。有些人借由完全物质导向的生活获得许多学习与成长，有些人透过贫困的生活这么做。贫穷并不代表更有灵性，反之，富有亦然。如果你担心有钱会不够灵性，回想那些你有钱的时光，即使不多，想起那时的你如何运用你的金钱，你也许更有能力帮助身边的人。当你感觉丰盛，你大概会更慷慨，并能够支持别人的丰盛。

对金钱最清楚的人通常不是那些拥有大量金钱的人，也不是那些一文不名的人，而是拥有适量金钱的人。拥有适量金钱的人，不会被太多财产所拖累，他们的财产会服务他们。他们不会把最该投入人生志业的时间与能量，用来取得或照顾他们的物质资产。太有钱会让你偏离你的道路，设想如果你必须花很多时间来照顾它；然而没有钱也会使你偏离你的道路，设想如果你必须花很多时间与能量来求温饱。有足够的金钱支持生活很重要。如果你没有足够的钱，如果你大多数时间都在担心房租与食物没有着落，那么你的时间与能量便无法用来做那些你来到这里要完成的更伟大的志业。

把富有定义成拥有足够的财富去实现你的人生志业。所谓的足够不需要你拥有许多物质资产。举例而言，如果你的人生目的是与自然一起工作。你可能住在小木屋，花费很少的钱，你就拥有你需要的自然资源去实现你的目标。在这个情况下你是富有的。重要的是拥有足够的钱去做你来这里要做的事，而非拥有太多而无法做你想做的事。有足够的钱意味你能为你的梦想采取行动，你能转化周围的能量进入更高的秩序。有些人也许需要许多物质资源才能完成他们的人生志业。他们也许需要与一群人一起工作，而只有在他们拥有财势与权力时这群人才会听他们的话并尊重他们。

对某些人而言物质财产能提供灵性体验，教导他们此生必须学习的功课，如同没有钱对于某些人而言也是个伟大的老师一样。有些人从有钱得到很大的自由与成长，有些人则是从没有钱得到许多自由与成长。

　　一个人需要多少钱是一种个别的情况，不批判人们拥有或没有什么。有些人也许为了未来造福人群而累积财富，即使目前他们还没有计划这么用他们的钱，也还没有踏上灵性的道路。你无法得知任何人生命道途上的更大目的。一个人是否成功，最好不要用他们赚取或拥有多少金钱来衡量，而是用他们完成人生目的、对生命感到快乐，拥有适量金钱并相信他们自己的程度来衡量。

每一个人的成功造就我的成功

　　当你自己变得愈来愈富有，你的周围很可能会经常出现相同富有的人。当你以丰盛的角度思考，你的振动会开始改变，你吸引那些同样会以丰盛的方式思考的人。不要对别人的成功感到嫉妒或威胁。要明白，当你靠近一个成功的人，你自己也开始拥有相同的成功振动。从现在起，相信每个人的成功意味你会更成功。当你周围的每一个人都开始一个一个成功，你会被成功的振动频率所包围，你会更快成功。

当你听见别人的好运,欣赏他们的成功,知道那确认了你将获得同样的丰盛。

你们许多人认为必须把工作推展到广大人群,或成为该领域的佼佼者,才算是真正的成功。竞争的态度若能帮助你做好你的工作也不坏;不过不要认为别人在你所做的事情上成功,会取走你的成功。在这个世界上有无限的成功,每个人都可以成功。明白你有你的独特之处,你会以你特有的方式做你来到这里要做的事,不管有多少人从事类似的工作。你有竞争的对手或公司吗?你担心他们的成功就是你的损失吗?花点时间观想他们获得你难以想象的成功。然后,想象一个理由为什么他们的成功会为你带来好处。

明白在这个世界上除了你,没有人会以与你一模一样的方式来做你的工作。即使看起来他们在做与你相同的事,他们可能接触不同的人群,或者以不同的方式接触相同的人群。你最好把焦点放在活出你的潜能上。你会把你服务的人所想要的事放在最优先的顺位吗?你遵循你的内在讯息吗?当你这么做,你会闪闪发光,你会拥有你想要的事业与丰盛。享受推广你的工作的过程,不要只为功名利禄奋斗。即使不是业界第一,没有最多的客户、不是最赚钱或靠你自己独力完成,都无妨。

不要担心人们会窃取你的点子,或做得比你好。当你尽己所知,尽己所能,提供最高品质的产品或服务,你会得到丰厚的报酬。别人在做什么不重要,即使有人宣称你做的事是他的功劳,也不要停止提供高品质的服务,你最终必然获得报偿。就像龟兔赛跑的故事一样,那个始终如一、稳定不辍做好工作的人,比起抄捷径与打击别人的人,会拥有更大的丰盛并留下更好的成绩。

如果你正在与许多求职者竞争相同的工作,或与同行业的人争取相同的客户,或希望得到赞助或资金支持,别当自己在与别人竞争。如果得到那笔钱、那位客户或那份工作是为了你的最高益处,你会得到。永远要尽力填好你的赞助金申请书、参加面试或做销售推广;针对那些你收到内在讯息指引的人,写信给他或拜访他,那么你会找到你的钱或工作。当你得到它,别担心你从别人那里拿走什么。

宇宙是完美而丰盛的,别人也会恰好得到对他们而言最好的事物,你不会夺走他们什么,你的机会是你的,不属于你的自然会给别人。如果你正在与别人竞争,不管它是工作、资金、贷款、奖学金或公寓,看看你是否能放掉你的担忧,并信任对大家都好的最佳的结果会发生。相信是你的,就是你的,宇宙永远为你带来更高的益处。

不要把同事或身边的人视为竞争者,把他们当作朋友。合作会比竞争让你们走得更远。有一位男士想在很短时间内晋升为公司的副总裁。他逢人就说他的雄心壮志,并经常夸耀自己的成功。他暗中破坏同事的工作,好让自己的工作看起来更杰出,也经常把同事的功劳占为己有。公司还有另一位男士,他就只是想尽力做好自己的工作。他经常会为同事着想,接手额外的事,行有余力便帮主管的忙,投入专注与爱心来完成他受雇的工作。结果,第一位男士并没有被晋升,他很快就愤而辞职,抱怨公司不懂得欣赏他。第二位男士,后来成为公司的副总裁。

我祝福人们更加丰盛繁荣

当你想到别人与你自己,想着富有、丰盛、成功与美好，如此你的想法帮助这些情况成真。让你想起每一个人的时候，想的都是他们会变得更好。想象每一个人的成功。有时候人们为自己带来经济的问题，是因为他们总是想着别人遭遇的经济困难，而你专注什么就吸引什么。与其谈论别人的生活如何辛苦，不如送给他们慈悲与光，想象他们脱离困难，体验丰盛。你送出的正面意象与爱，将倍增之后回到你身边。

有一家商店老板的生意戏剧化地成长，他送爱给每一位走进他店里的人并想象他们的成功，结果人们像是被磁力吸引到他的店里一般。如果你听见朋友抱怨匮乏，提醒他们自己拥有什么。当你身旁有人谈论经济问题，看看你是否能改变话题，或帮助他们欣赏与感谢他们已经创造的丰盛。

如果你还没有准备好处理更大的金钱却得到它，你的内在会找到许多方法让你放掉它。很多人在赢得或继承大笔金钱之后，几年之内就损失或花光它；因为他们的能量与那笔金钱并不调和。那些能保住天降之财的人，通常保留原本的工作，住原来的房子，把钱存在银行，慢慢地习惯那个增加的金钱。

我的金钱是我为自己与他人带来美好的源头

当你有钱,要把你的金钱当成一个创造美好的源头;视它为开创更高目的的潜在能量,等着要被转化成你真正想要的物质与形式。持续想象你所有的钱,在银行的存款或皮夹中的钞票,是等待你的命令要为你与人们创造美好的金钱。感谢你的丰盛,并明白你已经学会接上宇宙的无限丰盛。你的金钱正等待机会,为你及其他人带来美满幸福,为你与人们改善生活。

◎ 游戏清单:拥有金钱

1. 你希望有多少钱可以花在玩乐与享受上?
2. 你希望有多少存款?
3. 你希望你的个人净值是多少?
4. 你期望的年收入是多少?
5. 在未来的一两年内你希望用钱做什么?在清单中列出

所有你想做的事。

6.从问题5的答案中挑出一件你最想做的事,完成以下问题。

(a)这件事如何为你带来更高的益处,列出三种以上的方式。

(b)拥有这样事物如何为人们带来更高的益处,列出三种以上的方式。

第二十三章
存款：肯定你的丰盛

把一部分的钱变成存款对你而言有极大的价值，即使在你有负债的情况下。存款贡献了社会的金钱流动，因为存下来的钱能被循环与利用去创造更多财富。存款是你能自给自足的资源。存款也是一种正面的肯定，表示此刻你拥有的大于你的需要。当你感觉丰盛，你变得更有磁力去吸引更多的金钱。

你存下的钱是立即可用的能量，如果你把它放在可以变现的投资上。一旦你有积蓄，就比较不会受到景气循环的影响。大自然也遵守储蓄法则，你可以观察松鼠储存胡桃过冬，熊冬眠以节省能量。如果你有存款，你更能掌握机会。把存款想作"扩大可能性的账户"，给予你更多选择与自由。存款让你更能掌控采购的时机。有一些你想要的东西也许需要大笔金钱才能取得，如果你有存款可用，你通常能在想要一样事物时得到它。

我的存款就像磁铁，为我吸引更多财富

你们有些人认为如果把钱存下来，表示你对自己在需要时创造财富的能力缺乏信心。让我们用不同的角度来看待存款。你其实一直都在储存并保留金钱。当你收到服务换得的报酬时，除非你立刻花完它，否则你就是在存钱。既然你已经在金钱收入与支出的期间保留它，你需要的只是在你的收支中保留比平常多一些的金钱。那些你保留下来的钱，会像"金钱磁铁"一般，吸引更多金钱。你的存款愈多，磁铁就愈大。

你曾经花掉的最大笔存款是多少金额？你最大笔的存款有多少钱？许多人会在快超越之前的存款数量时，便开始花掉它。为了增加你的存款，要让自己在花钱之后留下比以前更多的钱。每当快要超越过去的存款上限时，留心观察自己，并创造一个意图去打破这个存款"关卡"。仅仅在心中

觉察这个限制,你就成功了一半。

你可以在能量通过你的时候创造能量流的盈余,假若你能有意识地在花掉它之前累积一个愈来愈大的金额。你不需要先赚一笔钱才开始存钱。每个月存一点钱,五年或十年后,就会变成一笔很大的现金或增值的投资收入。存钱最大的好处,是它让你习惯愈来愈大的金钱流量与它代表的能量,这正是如果你想要更大的丰盛所需要的。

存款能够帮助你适应愈来愈大宗的能量,如此你能处理更庞大的能量流动。一旦你熟悉新层次的能量流,并对于更大的能量盈余感觉舒适,大型采购需要的大笔金钱就能被你轻易地创造。你也许不需要动到你存的钱或卖掉你的投资,它们就像一张安全网,在你需要额外资源的时候保护你。

我的经济独立而自由

你们很多人希望每天自由自在地做想做的事,不必担心金钱。你想要经济自由。有很多方法可以为你创造这种实相。

其中之一是做你喜欢的事为你带来金钱，把你为乐趣娱乐所从事的活动变成你的丰盛源头。你也可以锻炼心想事成的技巧，在你需要一样事物时立刻吸引它。另一种方式是先变得很有钱，然后你可以靠存款利息或投资收入生活。任何方法都可以。决定哪一种能满足你想要的本质，然后开始精进创造它所需要的技巧。

在你学习那些技巧的期间开始存钱，会帮助你熟悉更大的金钱流动与丰盛能量。它会帮助你累积足够的能量，在生活中创造重大的改变或采买预算较高，但对你而言十分重要的东西。

如果你不相信自己可以有盈余，如果你相信你会变穷，那么不管你拥有的钱是多是少，你都将创造这个景况为真。从相信你配得丰盛开始，用你的存款来作为一个肯定，确认你此刻拥有的比你要求的更丰盛。每当你想到你的存款，想想你会怎么用它们，那会帮助你吸引更多金钱进入你的存款中。

你想要存多少钱，尽可能清楚而真实地想象它。观想你的存簿余额，想象你看着那笔金额的喜悦。别把存款当作灾难准备或急难救助，否则你会经常创造紧急事件而用掉它。把存款当成你的财富指标，让它教导你处理更大、更丰盛的金钱能量流。

财富是等着我的命令为我创造美好生活的能量

当你提领存款或兑现投资时，确定你是为了很特别的事，为了你深切渴望的事而花用它。这会使你为你的金钱注入活力，并让你所有的钱更有磁性。问自己："我要如何用我的存款服务我的更高目的？"

存款最好的用途之一，是用它支持你的人生志业。你会发现那些富有的人把多余的金钱投入他们的梦想，在他们投资事业之前，他们会先投资自己去认识他们要投资的领域。把钱花在能帮助你推展志业的事情上，也许是买书，上课，买设备、专业服装，或是整修家里的空间以创造一个办公室或工作室。把你的钱用于人生志业的开创，会为你吸引更多金钱。如果你执行人生志业需要的一切都已具足，你可以先把钱存下来，直到适当的用途出现为止。

当你创造财富的余额时,有很多储存的方式。你可以保持金钱的流动性以便立即取用,例如把钱放在货币基金或存款账户,或者你也可把钱放在流动性没有那么好的投资项目。如果你正考虑投资,问自己:"投入这项投资的能量流,是我的人生道途的一部分以及运用时间最好的方式吗?"你也许会发现存款型的投资,将花费你最少的时间与能量,也最不需要观察与照顾。

把金钱用于投资,会需要你花时间去关注。你也会需要某种程度的技术与能力。也许你需要学习有关股市的知识,搜集资讯,熟悉门路,留意每日新闻。决定你想如何运用你的时间。如果你投资不动产,你会想要学习什么样的房地产是好的投资方向。

不要只是把你的钱交给别人,特别是没有丰盛意识的人。如果你把投资的责任交托给别人,确认他们知道自己在做什么,而你有能力依照你的标准监控与评估他们的表现。那是你的钱、你储存的能量,你要对你的投资保持注意,维持与它的能量联结。你储蓄金钱的方式与你是谁、你想做什么,以及你喜欢如何运用你的时间有关。

我的财富为我创造更多丰盛、喜悦与活力

无论你把钱放在哪里,要知道它被拿来做什么用,经常查核它。别对你的钱在哪里一无所知,你不会想把钱放在一个与你的能量不符合的地方。如果你开立存款账户或投资任何计划,确定为你管理金钱的人拥有良好的商业背景,明白金钱的灵性法则与人为法则。缺乏这些知识的人无法为你做好的投资,不管他们的点子有多棒。确定他们对金钱的信念与想法与你一样。你投放资金的地方对待你好吗?你感觉那里的能量是对的吗?你的理财人员与你有相似的诚信标准与哲学理念吗?他们相信每个人都能成为赢家吗?如果你希望你的金钱运作良好,这些都很重要。

如果你花很多时间管理你的投资,要确定这是你的最高乐趣与人生志业。通常最好的方式,是把多余的钱放在不需要花你太多能量的安全地方,而把你的时间与金钱投入你的人生志业。最终,你花在人生志业上的时间与金钱,将带给你更多、更大的报酬。在你投入你的投资,让它反映你的能量,以及你将时间投入你贡献人类的人生志业之间,找

到适当的平衡点。想想五年或十年之内你希望自己在哪里，把你的投资变成你到达那里的计划的一部分。

当你想投资别人的生意或用金钱支持他人的人生志业，请明白它在本质上就是一个生意。很多到达这个丰盛层次的人，会发现评估他人的计划可以是一份全职的工作。也许这就是你的人生志业。你投资的计划，最好与你是谁的本质一致，而非你不了解的项目。把钱投资在你知道的事情上，你的本业或你的专长——你要运用金钱的想法与你自己愈有相关性愈好。

当你获得经济的独立，你最大的挑战将是，寻找最高与最好的方式来运用你的金钱，在这个星球创造最大的改变与益处。投资有很多选择，有很多好的投资是能够荣耀地球、帮助人类并运用你的金钱创造美好。把你的每一项投资带进内在的光中，不要只看投资的报酬率，要同时评估它为人类与地球增添光明的潜力。确定你知道你的钱会被如何运用，并且是你衷心相信的事。如果没有适当的计划出现让你投资，就继续把金钱保留在你感觉舒服的地方，直到对的机会出现为止。

我选择活出丰盛的人生

那些达成伟大财富与服务的人,并非一夕之间办到的。他们专注于自己喜爱的事,并总是把金钱投入他们的工作,而非他们不熟悉的事。他们沉浸在工作中,始终不辍地稳定追求多年,即使最初的工作未必是后来成功的行业。他们获得许多知识与经验,把握出现的机会来教育与扩展自己。他们致力奉献于自己的人生志业,为他们带来金钱的丰盛。

那些不赚钱或无法体验丰盛的人,通常是一些认为自己必须做不喜欢的事,直到有足够的钱才去做想做的事的人。他们可能会尝试某些快速致富的投资管道——看起来太美好而不真实,而它们通常也的确如此。通往持久的财富与丰盛的道路,是执行你的人生志业,遵循金钱的灵性法则,运作能量磁化吸引再行动,并过着充满爱与喜悦的生活。

至此,我们已经在书中谈到所有让你成为显化大师需要的技巧,然而它们就像其他技能一样,需要不断练习来精通。一旦你练习,你将学习了解自己以及运作能量的精微之处。当你创造,享受你的成功,即使是一些小事,都代表你的显化技巧是有用的。别用多快得到什么来评价自己，要用你有多么因自己所吸引的事物而感到满足来评估。创造富足需要你放掉任何相信金钱与事物很难创造的固有信念，因为事实并非如此。你现在已经准备好开始创造你喜爱的生活，做你喜爱的事，并体验活出丰盛的喜悦。

◎ 游戏清单：丰盛法则总览

以下所列是吸引金钱与排斥金钱的特质一览表。闭上你的眼睛，在 1 到 42 之间选一个数字，在表格中看看那个数字所列的特质。在一天之中，做一件事去培养那项吸引金钱的特质。如果你注意到自己做出排斥金钱的行为，用一个正面与吸引金钱的信念或行动替换它。

吸引金钱的特质	拒绝金钱的特质
1 尊重你的价值与时间	不尊重你的价值与时间

2 自在地给予与接受	吝于给予亦不开放接受
3 打开你的心	关闭你的心
4 期望最好的会发生	担心最坏的会发生
5 发自内心	卷入权力斗争
6 尽力而为	抄捷径、图便捷
7 希望每个人都成功，愿意合作	竞争
8 专注于如何服务他人	只想着别人会给你什么
9 告诉自己为什么自己成功	告诉自己为什么自己不能成功
10 出于真诚	妥协你的价值观与理想
11 保持觉知与注意力	机械式地自动反应
12 赞许他人的成功	对别人的成功感到威胁
13 拥抱你的挑战	选择安全舒适而非成长
14 容易放下	容易挂心

15 相信永远不会太迟，为梦想采取行动	认为太迟了，轻易放弃
16 允许自己成为想成为的人与做想做的事	等待别人允许你行动
17 相信你的道途很重要	不相信你的道途
18 做喜欢的事来维持生活	为金钱工作
19 不执着，臣服于更高的益处	感觉需要或必须拥有什么
20 让别人更丰盛而给予	因感觉同情别人的需要而给予
21 优先进行更高目的的活动	拖延更高目的的活动，有空再说
22 视自己为丰盛的源头	认为别人才是丰盛的源头
23 相信丰盛	相信匮乏
24 相信自己，自信、自爱	担心、害怕、怀疑、自我批判

25 清楚的意图与明确的意志	模糊不清的目标
26 跟随你的喜悦	逼迫自己,创造许多必须与应该
27 在你的周围放置反映你的活力的事物	保留不再能表达你的活力的事物
28 表达感激与谢意	感觉这个世界亏欠你
29 信任你创造富足的能力	担心经济问题
30 遵循你的内在指引	忽略内在的指引
31 寻求双赢的解答	不在乎别人是否得胜
32 成为自己的主人	不相信自己的内在智慧
33 以完成你的目的与快乐来衡量丰盛	以拥有多少金钱来衡量丰盛
34 享受目标同时享受过程	只为目标而做
35 清晰的协议	未说明或模糊的期待

36	思考你一路行来已经走了多远	只注意还有多远的路要走
37	经常谈论丰盛	经常谈论问题与匮乏
38	记取过去的成功	记取过去的失败
39	用扩展、无限的方式思考	以有限的方式思考
40	思考你如何创造财富	想着你多么需要金钱
41	专注于喜爱与想要的事物	只注意不想要的事物
42	允许自己拥有	感觉自己不配得

作者简介

[美]萨娜娅·罗曼

国际知名心理咨询师,协助无数人开启更大的潜能、扩展意识并觉知自己的内在力量。著有《活在喜悦中》《个人觉醒的力量》等书。目前这些书已经被翻译成超过24种语言,并在全球售出超过200万册。

[美]杜恩·派克

地质地球物理学博士,拥有多年修习和教学的经验。目前,主要在美国俄勒冈州南部举办研讨会。

图书在版编目（CIP）数据

创造财富 /（美）萨娜娅·罗曼，（美）杜恩·派克著；罗孝英译．-- 北京：中国青年出版社，2022.7
书名原文：Creating Money
ISBN 978-7-5153-6727-9

Ⅰ.①创… Ⅱ.①萨… ②杜… ③罗 Ⅲ.①潜能—通俗读物 Ⅳ.① B848.5-49

中国版本图书馆 CIP 数据核字（2022）第 128551 号

著作权合同登记号：01-2019-2936
Creating money: attracting abundance
Copyright © 1988, 2008 by Sanaya Roman and Duane Packer
First published in the United States of America in 1988 by HJ Kramer/New World Library.
All rights reserved.
中文简体字版权 © 北京中青心文化传媒有限公司 2022
版权所有，翻印必究

创造财富

作　　者：[美] 萨娜娅·罗曼、[美] 杜恩·派克
译　　者：罗孝英
插画作者：stano
责任编辑：吕娜
书籍设计：瞿中华
出版发行：中国青年出版社
社　　址：北京市东城区东四十二条 21 号
网　　址：www.cyp.com.cn
经　　销：新华书店
印　　刷：三河市少明印务有限公司
规　　格：787×1092mm　1/32
印　　张：10.5
字　　数：173 千字
版　　次：2022 年 10 月北京第 1 版
印　　次：2022 年 10 月河北第 1 次印刷
定　　价：89.00 元
如有印装质量问题，请凭购书发票与质检部联系调换
联系电话：010-65050585